Soluciones simples

Soluciones ergonómicas para trabajadores de la construcción

James T. Albers

División de Investigación y Tecnología Aplicadas de NIOSH

Cheryl F. Estill

División de Vigilancia, Evaluación de Riesgos e Investigación de Campo de NIOSH

DEPARTAMENTO DE SALUD Y SERVICIOS HUMANOS DE LOS ESTADOS UNIDOS
Servicio de Salud Pública
Centros para el Control y la Prevención de Enfermedades
Instituto Nacional para la Seguridad y Salud Ocupacional
2007

Descargo de responsabilidad y solicitud de información

Este documento es del dominio público y puede ser copiado y reproducido libremente.

Descargo de responsabilidad

La mención de cualquier compañía o producto no constituye respaldo alguno por parte del Instituto Nacional para la Seguridad y Salud Ocupacional (NIOSH). Además, la mención de las páginas de Internet externas a NIOSH no constituye un respaldo por parte de NIOSH a las organizaciones patrocinadoras ni a sus programas o productos. De igual manera, NIOSH no se responsabiliza por el contenido de esos sitios web.

Los puntos de vista expresados en este documento por autores que no pertenecen a NIOSH no reflejan necesariamente la opinión de NIOSH.

Solicitud de información

Para recibir documentos u otra información sobre los temas de seguridad y salud ocupacional, comuníquese con NIOSH:

NIOSH–Publications Dissemination
4676 Columbia Parkway
Cincinnati, OH 45226–1998

Teléfono:	(800) CDC–INFO (232–4636)
Línea TTY:	(888) 232–6348
Correo electrónico:	cdcinfo@cdc.gov
Sitio web:	*www.cdc.gov/niosh*

Para recibir actualizaciones mensuales de NIOSH, suscríbase a *NIOSH eNews* en el sitio web *www.cdc.gov/niosh/eNews*.

NIOSH es una agencia federal gubernamental de investigación que se dedica a identificar las causas de las lesiones y enfermedades laborales, evaluar los riesgos que conllevan las nuevas actividades laborales y tecnologías y crear formas para controlar estos riesgos con el fin de proteger al trabajador.

Publicación no. 2007–122*(Sp2009)* de DHHS (NIOSH), agosto de 2007
Traducción en español: septiembre de 2009

Agradecimientos

Redacción e investigación

James T. Albers, División de Investigación Aplicada y Tecnología de NIOSH

Cheryl F. Estill, División de Vigilancia, Evaluación de Riesgos e Investigación de Campo de NIOSH

Edición y diseño

Eugene Darling, Programa de Salud Ocupacional Laboral (*Labor Occupational Health Program o LOHP*), University of California, Berkeley

Kate Oliver, LOHP

Laura Stock, LOHP

Anne Votaw, NIOSH

Ilustraciones

Mary Ann Zapalac

Fotografías

Todas las fotografías pertenecen a NIOSH, a excepción de: p.23 (inferior) Jennifer Hess; p.27 (ambas fotos) Earl Dotter; p.29 (inferior) Racatac Industries Inc.; p.31 (ambas fotos) Non-Stop Scaffolding; p.35 (izquierda) Genie Industries, (derecha) Scott Schneider; p.37 (inferior) Streimer Sheet Metal Works, Inc.; p.39 (inferior) Hilti Corporation; p.41 (superior) Midstate Education and Service Foundation, (inferior) Tape Tech Tools; p.43 (ambas fotos) Midstate Education and Service Foundation; p.49 (inferior) Expanded Shale, Clay, and Slate Institute; p.51 (superior) Messer Construction, (inferior) Spec Mix Inc.; p.53 (superior) Scott Fulmer, (centro/inferior) Jennifer Hess; p.55 (superior) Wood's Powr-Grip; p.59 Cal/OSHA; p.61 (todas las fotos) Cal/OSHA; p.63 (todas las fotos) Midstate Education and Service Foundation; p.65 (inferior) Quickpoint, Inc.; p.67 (inferior) ErgoAir, Inc.; p.69 (superior) Messer Construction; p.71 (centro/inferior) Midwest Tool and Cutlery Co.; p.73 (inferior) Slip-On Lock Nut Co. and Morton Machine Works.

Colaboradores en la elaboración de las hojas informativas

Hoja informativa #1. Jim Albers, MPH, CIH, NIOSH, Cincinnati, OH, y Cherie Estill, MS, PE, NIOSH, Cincinnati, OH.

Hoja informativa #2. Scott Schneider, MS, CIH, Laborers' Health and Safety Fund of North America, Washington, DC y Jim Albers, MPH, CIH, NIOSH, Cincinnati, OH.

Hoja informativa #3. Jennifer Hess, DC, PhD, University of Oregon Labor Education and Research Center, Eugene, OR y Jim Albers, MPH, CIH, NIOSH, Cincinnati, OH.

Hoja informativa #4. Kate Stewart, MS, y Steve Russell, MS, Seattle, WA y Build It Smart, Olympia, WA.

Hoja informativa #5. Peter Vi, MS, Construction Safety Association of Ontario, Etobicoke, Ontario, Canadá y Jim Albers, MPH, CIH, NIOSH, Cincinnati, OH.

Hoja informativa #6. Phil Lemons and Kelly True, Streimer Sheet Metal, Portland, OR y Jim Albers, MPH, CIH, NIOSH, Cincinnati, OH.

Hoja informativa #7. Charles P. Austin, MS, CIH, Sheet Metal Occupational Health Institute Trust (SMOHIT), Alexandria, VA.

Hoja informativa #8. Greg Shaw, Midstate Education and Service Foundation, Ithaca, NY.

Hoja informativa #9. Greg Shaw, Midstate Education and Service Foundation, Ithaca, NY.

Hoja informativa #10. Dan Anton, PhD, PT, ATC, University of Iowa, College of Public Health, Department of Occupational and Environmental Health, Iowa City, IA.

Hoja informativa #11. Jim Albers, MPH, CIH, NIOSH, Cincinnati, OH, y Cherie Estill, MS, PE, NIOSH, Cincinnati, OH.

Hoja informativa #12. Jennifer Hess, DC, PhD, University of Oregon Labor Education and Research Center, Eugene, OR y the Center to Protect Workers' Rights, Silver Spring, MD.

Hoja informativa #13. Jim Albers, MPH, CIH, NIOSH, Cincinnati, OH y Cherie Estill, MS, PE, NIOSH, Cincinnati, OH.

Hoja informativa #14. Adaptada del folleto *Easy Ergonomics: A Guide to Selecting Non-Powered Hand Tools* (2004), una publicación conjunta del California Dept. of Occupational Safety and Health (Cal/OSHA) y NIOSH. Departamento de Salud y Servicios Humanos de los Estados Unidos, Centros para el Control y la Prevención de Enfermedades, Instituto Nacional para la Seguridad y Salud Ocupacional, DHHS (NIOSH), Publicación no. 2004–164.

Hoja informativa #15. Greg Shaw, Midstate Education and Service Foundation, Ithaca, NY.

Hoja informativa #16. Jim Albers, MPH, CIH, NIOSH, Cincinnati, OH y Cherie Estill, MS, PE, NIOSH, Cincinnati, OH.

Hoja informativa #17. Jim Albers, MPH, CIH, NIOSH, Cincinnati, OH y Cherie Estill, MS, PE, NIOSH, Cincinnati, OH.

Hoja informativa #18. Jim Albers, MPH, CIH, NIOSH, Cincinnati, OH y Cherie Estill, MS, PE, NIOSH, Cincinnati, OH.

Hoja informativa #19. Charles P. Austin, MS, Sheet Metal Occupational Health Institute Trust (SMOHIT), Alexandria, VA, Jim Albers, MPH, CIH, NIOSH, Cincinnati, OH y Cherie Estill, MS, PE, NIOSH, Cincinnati, OH.

Hoja informativa #20. Jim Albers, MPH, CIH, NIOSH, Cincinnati, OH y Cherie Estill, MS, PE, NIOSH, Cincinnati, OH.

Revisores:

NIOSH agradece la colaboración de los revisores iniciales de este documento. Las organizaciones de revisores se mencionan solo con el fin de identificarlas. Sus sugerencias sirvieron para mejorar la calidad del material; sin embargo, los autores asumen la responsabilidad total por su contenido. Tom Alexander (Independent Electrical Contractors, National Safety Committee), Tony Barsotti, CSP (Temp-Control Mechanical Corporation), Bruce Bowman, PE (Independent Electrical Contractors, National Safety Committee), Stephen Hecker, PhD (University of Washington-Seattle), Ira Janowitz, MS, CPE (Lawrence Berkeley National Laboratory), Rashod Johnson, PE (Masonry Contractors Association of America), Phil Lemons, CSP (Streimer Sheet Metal), John Masarick (Independent Electrical Contractors), Mike McCullion, CSP (Sheet Metal and Air

Conditioning Contractors National Association), Jim McGlothlin, PhD, CPE (Purdue University), Gary Mirka, PhD (Iowa State University), Brian L. Roberts, CSP, CIE (Independent Electrical Contractors), Kristy Schultz, MS, CIE (California State Compensation Insurance Fund).

Traducción en Español: Agradecimientos

NIOSH agradece los servicios de traducción del equipo de CDC Multilingual Services (Alex Alvarez, Claudia Kukucka, Mauricio Medina, Yamile Morelli y Eva de Vallescar)

NIOSH reconoce también las siguientes personas que revisaron la versión en español (las organizaciones se mencionan solo con el fin de identificarlas): David Arvayo (International Union of Painters and Allied Trades, District Council 30), María J. Brunette, Ph.D. (University of Massachusetts Lowell), Ernesto Carcamo, MD, M.Sc., CPE (New United Motor Manufacturing, Inc.), Felipe Devora (Zurich NA), Adolf Duarte (International Union of Painters and Allied Trades, District Council 15), Daniel García (United Union of Roofers, Waterproofers and Allied Workers, Local 95), Tomas Schwabe (Oregon OSHA), Lou Vicario (California State Compensation Insurance Fund), Mary Watters (Center for Construction Research and Training), y Manolo Zaldivar (Washington State Department of Labor & Industries).

La autoedición del texto estuvo a cargo de Vanessa Becks y Gino Fazio.

Índice

Prólogo

La construcción es una ocupación que requiere de mucha actividad física y que a la vez constituye una parte vital de nuestra nación y de la economía estadounidense. En el 2006, según los datos de la Oficina de Estadísticas Laborales de los Estados Unidos, el promedio total anual de trabajadores en la industria de la construcción aumentó a un nivel sin precedentes de casi 7.7 millones. Esta inmensa fuerza laboral trabajó en diversas actividades entre las que se incluyen levantar cargas pesadas y realizar trabajos repetitivos, por lo que los trabajadores estuvieron expuestos a sufrir lesiones graves. El esfuerzo físico extremo que requiere este tipo de trabajo es una razón por la cual lesiones como los esguinces, las distensiones y los trastornos musculoesqueléticos relacionados al trabajo son tan prevalentes y además son las lesiones que más comúnmente causan ausentismo laboral.

Aunque la industria de la construcción conlleva muchos riesgos laborales, en los Estados Unidos hay contratistas que han implementado de manera exitosa programas de seguridad y salud que abordan temas de este tipo, entre los que se encuentran los trastornos musculoesqueléticos.

La seguridad y salud de todos los trabajadores es de suma importancia para NIOSH. Este folleto tiene el fin de ayudar en la prevención de lesiones laborales comunes que pueden presentarse en la industria de la construcción.

Las soluciones que se incluyen en este folleto son ideas prácticas que ayudarán a reducir el riesgo de sufrir lesiones por tensión repetida en las labores comunes de la construcción. Aunque algunas soluciones pueden requerir que el dueño de la obra o el contratista general participe, también se incluyen muchas ideas que pueden ser adoptadas individualmente por los trabajadores y supervisores.

Hay secciones dedicadas a trabajos al nivel del piso, actividades que requieren movimientos por encima de la cabeza, al manejo de materiales y a labores manuales intensas. Para cada tipo de trabajo se describen "SOLUCIONES SIMPLES" para diferentes actividades en la serie "hojas informativas." Las soluciones consisten en su mayoría de materiales y equipos que pueden usarse para realizar el trabajo en una forma más fácil. Cada hoja de información describe un problema, su posible solución, los beneficios para el trabajador y empleador, su costo y dónde se puede adquirir. Todas estas soluciones se pueden conseguir fácilmente y en la actualidad se usan en la industria de la construcción en los Estados Unidos.

Invitamos tanto a los contratistas como a los trabajadores para que consideren hacer uso de las "SOLUCIONES SIMPLES" de este folleto y busquen la forma de adaptarlas a sus labores y sitio de trabajo.

John Howard, M.D.
Director
Instituto Nacional para la Seguridad y Salud Ocupacional
Centros para el Control y la Prevención de Enfermedades

¿Para qué sirve este folleto?

Este folleto está dirigido a trabajadores, sindicatos, supervisores, contratistas, especialistas en el área de la seguridad laboral, gerentes de recursos humanos del sector de la construcción y a todas las personas interesadas en la seguridad en las áreas de construcción. Algunas de las lesiones más comunes en los trabajadores de la construcción son consecuencia de las actividades laborales requeridas, que fuerzan al cuerpo a realizar movimientos que no son naturales. Los trabajadores que frecuentemente deben levantar o agarrar objetos, agacharse, arrodillarse, torcer el cuerpo, estirarse, alcanzar objetos colocados sobre el nivel de la cabeza o trabajar en posiciones forzadas tienen riesgo de sufrir trastornos musculoesqueléticos debido al trabajo (WMSD, por sus siglas en inglés). Entre éstos se incluyen las afecciones de la espalda, el síndrome del túnel carpiano, la tendinitis, la rotura del manguito de los rotadores, los esguinces y las distensiones.

Para ayudar a la prevención de estas lesiones, este folleto ofrece muchas formas simples y económicas de llevar a cabo las actividades del sector de la construcción de una manera más sencilla, cómoda y adecuada a las necesidades del cuerpo humano.

Ejemplo de una "solución simple." Este herrero usa una herramienta para atar automáticamente las varillas de acero con solo tirar del gatillo. La extensión de la manija le permite trabajar mientras que mantiene una posición erguida. No necesita inclinarse, arrodillarse, agacharse o torcer las manos.

¿Sabía que. . .?

- La industria de la construcción es una de las más peligrosas en los Estados Unidos.

- En 1999, el número de lesiones de la espalda en el sector de la construcción fue 50% más alto que el promedio de todas las otras industrias (CPWR, 2002).

- En un estudio, los síntomas más comunes reportados por los trabajadores en el sector de la construcción fueron los dolores de espalda, hombros, cuello, brazos y manos (Cook et al., 1996).

- Los incidentes ocasionados por el manejo de materiales representan el 32% de los reclamos de indemnización de trabajadores en el área de la construcción y el 25% del costo de todos los reclamos. El costo promedio por reclamo de seguro es de $9,240 (CNA, 2000).

- Las lesiones musculoesqueléticas pueden causar discapacidades temporales o permanentes que pueden afectar los ingresos del trabajador y las ganancias de los contratistas.

Las "hojas informativas" de este folleto indican cómo se pueden utilizar diferentes herramientas y equipos para reducir el riesgo de lesiones. Todos los artículos descritos en este folleto se han usado en obras de construcción. Debido a la naturaleza de la industria de la construcción puede que algunas de las soluciones descritas no sean adecuadas para todos los sitios de trabajo. Algunas veces las soluciones diseñadas para un tipo de actividad se pueden modificar para utilizarlas en otras.

Este folleto ofrece información general relacionada con los métodos que usan algunos contratistas del sector de la construcción para reducir la exposición de los trabajadores a los factores de riesgo que ocasionan trastornos musculoesqueléticos en el trabajo. Los ejemplos que se indican en este folleto puede que no sean adecuados para todos los tipos de actividades de construcción. El uso de las herramientas y equipos descritos en este folleto no garantiza que no se vayan a presentar trastornos musculoesqueléticos. La información de este folleto no constituye ninguna obligación ni establece normas o directrices específicas.

Nuestro objetivo es describir soluciones que sean económicas y eficaces. Aunque el costo de algunas de las soluciones descritas supera los $1,000, un precio que puede ser bastante alto para ciertos contratistas, creemos que el éxito en la implementación de la solución en la mayoría de los casos conducirá a una recuperación rápida de la inversión.

¡Ay, me duele el cuerpo!

La construcción es un trabajo pesado y los trabajadores en esta industria sienten sus rigores. En una encuesta realizada, siete de cada diez trabajadores pertenecientes a 13 áreas diferentes del sector de la construcción indicaron sufrir de dolores de espalda y casi una tercera parte de ellos había consultado a algún médico debido a esta afección (Cook et al., 1996).

Los dolores de espalda, el síndrome del túnel carpiano, la tendinitis, el síndrome del manguito de los rotadores, los esguinces y las distensiones son algunos tipos de trastornos musculoesqueléticos. Los trastornos musculoesqueléticos debido al trabajo (WMSD, por sus siglas en inglés) son causados por actividades y condiciones relacionadas con trabajos propios de la construcción, como levantar objetos, realizar movimientos repetitivos y trabajar en espacios muy reducidos. Estos trastornos pueden convertirse en problemas de salud discapacitantes a largo plazo que impedirán que usted realice su trabajo y disfrute de su vida personal. Estas lesiones no solo afectan a su cuerpo sino que también reducen sus ingresos y las ganancias de su empleador.

Usted tiene un riesgo mayor de sufrir estas lesiones si realiza las siguientes actividades a menudo:

- Carga objetos pesados.

- Trabaja arrodillado.

- Tuerce las manos o muñecas.

- Se estira para alcanzar objetos situados encima del nivel de su cabeza.

- Usa ciertos tipos de herramientas.

- Trabaja con herramientas o equipos que producen vibración.

Además de todo esto, los tiempos de entrega cortos aumentan el ritmo de trabajo, lo que incrementa los riesgos mucho más.

Un estudio de los reclamos de seguros de indemnización de trabajadores en el estado de Washington entre los años 1990 y 1998 indicó que los trabajadores de "industrias caracterizadas por actividades manuales y esfuerzos extremos repetitivos" tenían los mayores riesgos de padecer de trastornos musculoesqueléticos debido al trabajo. Según el estudio, el trabajo en la construcción representó 10 de los 25 sectores principales que requieren de intervenciones para prevenir los trastornos musculoesqueléticos debido al trabajo en el cuello, la espalda y las extremidades superiores (Silverstein, 1998).

Una compañía de seguros indicó que el 29% de los reclamos de indemnización de trabajadores de los contratistas asegurados en las áreas mecánica y eléctrica correspondió a trastornos musculoesqueléticos debido al trabajo. Un cuarto de dichos reclamos tuvieron como resultado discapacidades temporales o permanentes. Esta compañía de seguros también indicó que los reclamos de seguro por trastornos musculoesqueléticos debido al trabajo entre los contratistas del sector eléctrico son en promedio $6,600 por reclamo, mientras que para los contratistas del área mecánica son de $7,300 (NIOSH 2006).

Muchas personas dedicadas a la construcción creen que los esguinces y las distensiones son parte del trabajo; sin embargo en la actualidad se dispone de nuevas herramientas y materiales que pueden disminuir el riesgo y aumentar la productividad en el trabajo. En este folleto se indican algunas de las soluciones, mínimas y de gran alcance, para prevenir los trastornos musculoesqueléticos debido al trabajo.

Algunas de las soluciones que ofrece el folleto puede que no sean pertinentes a su actividad o sitio de trabajo. Usted tendrá que revisar el costo, la calidad y la información específica a su sitio para asegurarse de que la solución satisface sus necesidades. De igual manera usted podrá adaptar estas ideas a sus requerimientos. Observe cuáles son los principios a seguir: ¿qué actividades tienen más probabilidades de causar lesiones y cómo pueden ser minimizadas?

En ocasiones, cambios mínimos en las herramientas, equipos o materiales pueden marcar una gran diferencia en la prevención de lesiones. Le deseamos éxito en su esfuerzo por mejorar su forma de trabajar y su sitio de labores.

NIOSH cree que mejores prácticas de trabajo y herramientas pueden reducir la frecuencia y gravedad de los esguinces y las distensiones en los trabajadores del sector de la construcción.

Estas sugerencias pueden ser adaptadas para utilizarlas en su sitio de trabajo.

GENTE • SEGURA • SALUDABLE™

¿Qué es la ergonomía?

La meta de la ciencia de la ergonomía es buscar las condiciones "más adecuadas" entre el trabajador y las condiciones de trabajo. La ergonomía trata de buscar soluciones para lograr que los trabajadores estén seguros, cómodos y sean productivos. Generalmente esto implica cambios ya sea en las herramientas, los equipos, los materiales, los métodos de trabajo o hasta del mismo sitio de trabajo. Aunque la ergonomía es un tema nuevo en la industria de la construcción, estas ideas han estado circulando por muchos años. Por ejemplo, en 1894 se diseñó en los Estados Unidos el andamio de niveles (*split-level*) para trabajos de albañilería con el fin de reducir la frecuencia con que los trabajadores doblan el cuerpo. Este sistema se diseñó para mejorar la productividad de los trabajadores al reducir el tiempo que permanecen en posiciones forzadas. Todavía se plantea un argumento contundente para el uso de adaptaciones ergonómicas con el fin de reducir la exposición de los trabajadores a los factores de riesgo que causan los trastornos musculoesqueléticos debido al trabajo y para mejorar su productividad.

La ergonomía busca determinar la forma en que:

• Las capacidades físicas del cuerpo humano — y — • Las limitaciones del cuerpo humano	**TIENEN RELACIÓN CON**	• Las actividades laborales • Las herramientas, los equipos y los materiales • El entorno laboral

Trastornos musculoesqueléticos debido al trabajo

Los trastornos musculoesqueléticos debido al trabajo (WMSD, según sus siglas en inglés) son la principal causa de discapacidades en las personas durante sus años laborales. Estos trastornos pueden ocurrir debido a actividades frecuentes que tensionan partes del cuerpo, como las siguientes:

• Agarrar objetos	• Arrodillarse	• Levantar objetos
• Trabajar en posiciones forzadas	• Hacer fuerza	• Realizar movimientos repetitivos
• Doblarse	• Trabajar con objetos por encima de la cabeza	• Torcer partes del cuerpo
• Usar equipos que vibran	• Acuclillarse	• Estirarse en exceso

La mejor forma de reducir los trastornos musculoesqueléticos debido al trabajo es volver a diseñar las herramientas, los equipos, los materiales y los procesos de trabajo teniendo en cuenta los principios ergonómicos.

Algunos cambios sencillos pueden producir grandes resultados. Mejorar las herramientas, los equipos y los trabajos haciendo uso del concepto ergonómico disminuirá el contacto de los trabajadores con aquellos factores que ocasionan lesiones. Si se implementan cambios de tipo ergonómico en el sitio de trabajo, deben acompañarse siempre de una capacitación laboral sobre la forma en que se usan los nuevos métodos y equipos y cómo operarlos de manera segura.

¿Necesita un programa de ergonomía?

Muchos expertos en ergonomía recomiendan que los empleadores y grupos conjuntos de trabajadores y gerentes de la organización creen sus propios programas de ergonomía para analizar los factores de riesgo que existen en el sitio de trabajo y buscar soluciones. Estos programas pueden formar parte del programa de seguridad y salud de su sitio de trabajo o funcionar en forma separada. Un programa de ergonomía puede ser una forma valiosa de reducir las lesiones, mejorar la moral de los trabajadores y disminuir los costos de indemnización de trabajadores. A menudo, estos programas también aumentan la productividad.

En su sitio de trabajo puede existir una necesidad urgente de implementar un programa de ergonomía si ocurre lo siguiente:

- Los historiales de lesiones o reclamos de indemnización de trabajadores indican casos numerosos de problemas médicos de manos, brazos y hombros; dolores de la parte inferior de la espalda o síndrome del túnel carpiano.

- Los trabajadores indican que algunas actividades laborales les causan dolores o malestares, especialmente si los síntomas no desaparecen al día siguiente después de descansar.

- Hay ciertas actividades en el sitio de trabajo que requieren de movimientos con mucha fuerza y repetitivos, manipular objetos pesados, levantar objetos por encima del nivel de la cabeza, usar equipos que vibran o mantener posiciones forzadas, como levantar los brazos, doblarse o arrodillarse.

- Otros negocios similares al suyo tienen tasas altas de trastornos musculoesqueléticos debido al trabajo.

- Las revistas o publicaciones de seguros en su industria frecuentemente cubren este tipo de trastornos.

Los programas de ergonomía eficaces incluyen los siguientes elementos:

- Compromiso del empleador con respecto al tiempo, al personal y a los recursos.

- Una persona encargada del programa que esté autorizada para tomar decisiones e implementar los cambios.

- Participación activa de los empleados para identificar los problemas y buscar las soluciones.

- Una estructura administrativa claramente definida (por ejemplo un comité).

- Un sistema para identificar y analizar los factores de riesgo.

- Un sistema para investigar, obtener e implementar soluciones como el uso de nuevos equipos.

- Capacitación del personal y de la gerencia.

- Atención médica para trabajadores lesionados.

- Un completo historial de lesiones.

- Evaluación habitual de la eficacia del programa.

Estos programas de educación y de capacitación fueron creados por *Associated General Contractors, United Brotherhood of Carpenters and Joiners, Sheet Metal Occupational Health Institute, y Laborers' Union* y están dirigidos a los contratistas generales del sector de la construcción. Aunque los problemas y las soluciones que se describen en los materiales de estas organizaciones pueden estar dirigidos a sectores o labores específicas, pueden ser útiles en la creación de su programa de ergonomía.

Para obtener información adicional sobre la creación de un programa de ergonomía consulte *Elements of Ergonomics Programs* (NIOSH Publicación no. 97–117) en www.cdc.gov/niosh/docs/97–117.

SOLUCIONES SIMPLES para actividades realizadas al nivel del piso o del suelo

El problema

En algunas labores de construcción se necesita trabajar cerca del suelo o del piso. Por ejemplo, usted tendrá que agacharse o arrodillarse cuando esté instalando lozas, terrazas o pisos o cubiertas de pisos.

Doblarse, agacharse, arrodillarse o acuclillarse puede causar dolor en la parte inferior de la espalda o en las rodillas. Con el tiempo puede sufrir lesiones graves en los músculos o las articulaciones. Su riesgo es mayor si se encorva o arrodilla a menudo y por períodos largos. Además si tuerce el cuerpo mientras trabaja en esas posiciones su riesgo es mucho mayor.

Estas posiciones también pueden dificultar su trabajo. Mientras está encorvado o arrodillado usted no puede levantar, empujar o halar tanto peso sin tener que esforzar el cuerpo.

Lesiones y trastornos

A continuación describimos algunas de las lesiones que puede sufrir si realiza actividades al nivel del piso o suelo.

Parte inferior de la espalda o región lumbar.

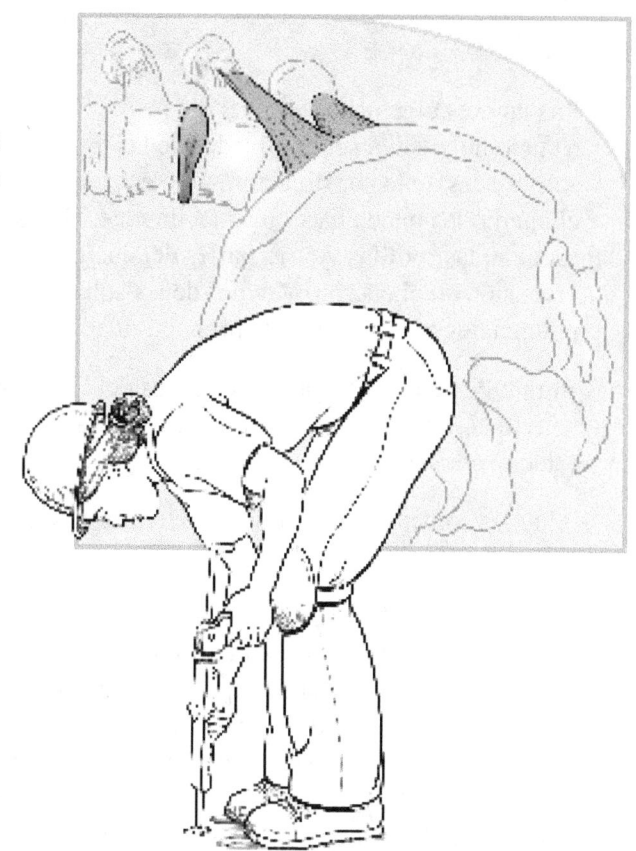

La columna vertebral está situada desde la parte superior del cuello hasta la parte inferior de la espalda. Está compuesta de varios huesos ubicados uno debajo del otro llamados *vértebras*. Entre cada vértebra se encuentran las *articulaciones* y los *discos*, que le dan la flexibilidad de movimiento. La flexibilidad de los discos se debe a una sustancia gelatinosa que contienen.

Cuando usted se inclina hacia adelante, los músculos de la espalda se esfuerzan más y los *ligamentos* (las fibras largas que sostienen los músculos de la espalda) se flexionan y estiran. Los discos se comprimen y al hacerlo presionan diferentes partes de la columna, como por ejemplo los nervios, lo cual puede ocasionar dolor de espalda. Si se inclina hacia adelante constantemente por meses y años, los discos se debilitarán lo que podrá causar una ruptura o hernia de disco (hernia discal).

Si usted tuerce el cuerpo mientras se dobla pondrá más presión en los discos y más tensión en los cartílagos y ligamentos, especialmente si usted está haciendo fuerza para levantar, empujar o halar objetos.

Rodilla. Los músculos de la rodilla se conectan a la pierna mediante los *tendones*. Entre los tendones y los huesos se encuentran unas bolsas pequeñas llenas de líquido también conocidas como *bursa*, que lubrican la rodilla para facilitar el movimiento.

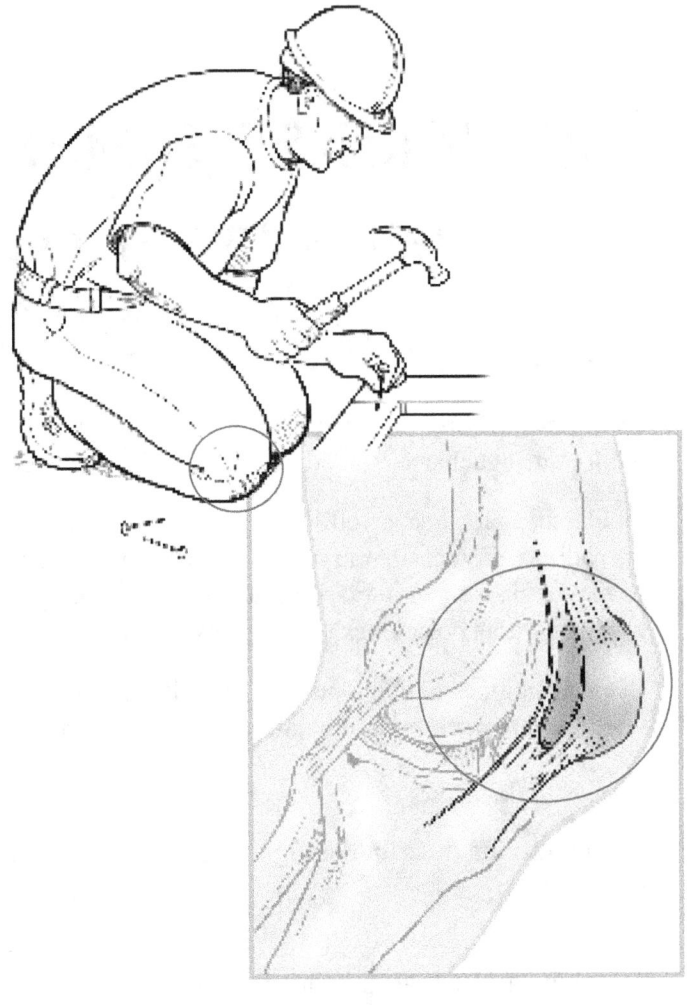

La tensión constante en la rodilla puede causar que la *bursa* se contraiga, se hinche, se ponga rígida y se inflame (*bursitis*). Esta tensión también puede causar la inflamación de los tendones de la rodilla y por consiguiente dolor (*tendinitis*).

Las actividades que requieren que la persona se encorve, arrodille o acuclille frecuentemente aumentan el riesgo de padecer de bursitis, tendinitis o artritis en la rodilla. El riesgo es mayor en los trabajadores que han sufrido una lesión de la rodilla y realizan actividades en esas posiciones.

Algunas soluciones

Las labores efectuadas al nivel del piso o suelo no pueden ser eliminadas de las actividades de la construcción, pero es posible cambiar la forma en que se realizan de tal manera que el cuerpo las pueda hacer más fácilmente. Hay soluciones que pueden reducir el nivel de tensión en la espalda, las rodillas y otras partes del cuerpo. Además pueden disminuir la frecuencia y duración de la tensión en el cuerpo. Muchas de las soluciones también pueden eliminar otros riesgos de seguridad potenciales e incrementar la productividad.

El tipo de actividad y las condiciones del lugar de trabajo determinarán la mejor solución para su actividad. En las hojas informativas #1–5 se indican algunas posibles soluciones para problemas relacionados con actividades que se realizan al nivel del piso.

Algunas soluciones generales para realizar actividades al nivel del piso con menos riesgo de lesiones son:

Cambio de materiales o procesos de trabajo. Una de las soluciones más eficaces puede ser el uso de materiales, componentes para la construcción o métodos de trabajo que requieran menos esfuerzo físico del trabajador de tal manera que tomen menos tiempo y por consiguiente el trabajador permanezca arrodillado o encorvado por períodos más cortos. Generalmente un trabajador o un subcontratista no puede tomar una decisión de este tipo por sí solo, ya que se deben tener en cuenta aspectos como el costo, el tipo de contrato y asuntos de ingeniería. Para realizar los cambios puede ser necesaria la aprobación del arquitecto, ingeniero, dueño de la obra o contratista general.

Sin embargo, con frecuencia los trabajadores *pueden* cambiar por su cuenta la manera en que realizan su trabajo. En ocasiones, las personas trabajan en el piso porque es la única área plana de gran tamaño que está disponible. Utilizan el piso como mesa de trabajo para ensamblar, mezclar o para realizar otras tareas. Esto es muy frecuente, por ejemplo, cuando se ensamblan ductos de láminas de metal o se construyen jaulas de varillas, ya que aumentan las ocasiones en que se trabaja encorvado o arrodillado más de lo necesario. En vez de agacharse trate de levantar los materiales de trabajo al nivel de la cintura colocándolos en mesas, caballetes (burros) u otro equipo. Es posible construir una mesa de trabajo improvisada con materiales que tiene disponibles.

Cambio de herramientas o equipo. Por ejemplo, use herramientas con mangos de extensión que le permitan permanecer de pie mientras realiza actividades al nivel del piso. En algunos casos el costo y las condiciones del lugar de trabajo pueden restringir el uso de herramientas de este tipo.

Cambie las reglas de trabajo y ofrezca capacitación. Los contratistas pueden establecer reglas de trabajo que requieran el uso de bancos y mesas de trabajo o caballetes para levantar los materiales de trabajo de tal manera que necesite estar menos tiempo en posiciones arrodilladas o agachadas. Las reglas también pueden requerir que los materiales no se almacenen en el piso. Se pueden establecer límites de tiempo para la realización de tareas al nivel del piso de manera que el trabajador tome un descanso. En aquellos casos en que sea imposible evitar arrodillarse en superficies duras se deben usar almohadillas para las rodillas u otro tipo de protección. Una política que ofrezca capacitación en conceptos de ergonomía también puede ayudar a que los trabajadores identifiquen problemas potenciales y busquen soluciones eficaces.

Ejemplo: Camilla adaptada como mesa de trabajo

Herramientas de fijación que reducen las posiciones agachadas

El problema

Cuando los trabajadores de la construcción trabajan al nivel del piso o del suelo a menudo usan pistolas de tornillos y otras herramientas de fijación que requieren que se encorven, doblen, arrodillen o acuclillen por largos períodos de tiempo. El trabajo constante en estas posiciones puede ocasionar fatiga, dolor y lesiones.

La zona inferior de la espalda y las rodillas son las partes del cuerpo que tienen más riesgo de sufrir lesiones musculares o de las articulaciones cuando se permanece por períodos prolongados en posiciones agachadas, dobladas, arrodilladas o acuclilladas. Su riesgo aumenta si tiene que levantar, empujar o halar objetos mientras está encorvado.

Una solución

Use una **pistola de tornillos con alimentación continua** que le permita trabajar de pie. Permanecer de pie mientras trabaja mantiene la columna vertebral y las rodillas en una posición neutral y reduce al mínimo las distensiones y la fatiga muscular. Muchas herramientas para usar de pie tienen alturas ajustables que permiten adaptarlas a trabajadores con diferentes estaturas. Se consiguen pistolas para trabajar de pie que alimentan los tornillos automáticamente. Se pueden utilizar herramientas de fijación por impacto (PAT, por sus siglas en inglés) con un mango para trabajar de pie que se consigue con el fabricante.

Problema: Agacharse para usar una pistola de tornillos

Solución: Pistola de tornillos con alimentación continua para trabajar de pie

¿Cómo funciona?

La **pistola de tornillos con extensión** se puede usar para fijar contrapisos, pisos falsos y terrazas; para construir estructuras de concreto y para otros tipos de trabajo que requieren fijación entre maderas. También puede usarse para trabajos con paneles de yeso (también conocidos como *drywall o* tablaroca) y fijación entre metales. Los tornillos para estas pistolas vienen en tiras de alimentación automática fáciles de cargar en segundos sin necesitar que usted se agache. Los nuevos modelos han sido mejorados de tal forma que no se traban como los modelos antiguos. Hay modelos disponibles con extensiones fijas y con mira telescópica. Algunas usan extensiones que se pueden quitar y permiten usar la pistola de tornillos sola en las paredes.

Las **herramientas de fijación por impacto** con mango para trabajar de pie se pueden utilizar para fijar rieles de metal a los pisos de concreto en estructuras de acero internas, para instalar madera laminada en concreto como un contrapiso para pisos de maderas, para fijar madera al concreto o a las superficies de ladrillo y para realizar conexiones entre superficies de acero. Son un método de fijación rápido, confiable y eficaz que se puede usar sin importar las condiciones atmosféricas. Disparan una carga explosiva de calibre 0.27 que impulsa los tornillos fijadores. Los tornillos son de acero endurecido y tienen un eje estriado que permite un ajuste seguro al material base. No es necesario abrir los orificios con anteriorioad. La profundidad de clavado puede ajustarse de acuerdo a las condiciones del trabajo. Se recomienda usar equipo de protección para los oídos cuando se trabaje con herramientas de fijación por impacto.

Beneficios para el trabajador y el empleador

Los trabajadores que pasan menos tiempo encorvados o arrodillados tienen menos probabilidades de sufrir lesiones en la parte inferior de la espalda o las rodillas, y también incrementan su productividad. Los estudios indican que las pistolas de tornillos con alimentación continua para usar de pie funcionan dos veces más rápido que las pistolas de tornillos tradicionales. Tanto las pistolas de tornillos para trabajar de pie como las herramientas de fijación por impacto con mangos para trabajar de pie han mejorado mucho desde que fueron introducidas en el mercado y en la actualidad son más confiables y fáciles de usar. Los tornillos son más caros que los clavos y pueden que no sean una alternativa económica para ciertos trabajos. Sin embargo, el uso de tornillos puede mejorar la calidad de otros trabajos de construcción como la instalación de contrapisos.

Costo aproximado

Las pistolas de tornillos para trabajar de pie cuestan entre $200 y $400. Las herramientas de fijación por impacto con mango para trabajar de pie tienen un valor entre $500 y $700 y los mangos se pueden comprar por separado.

Más información

- Los productos relacionados con esta solución se describen en *www.cpwr.com/simple.html*. También se pueden encontrar otros productos en Internet buscando los siguientes términos en inglés:

  Stand-Up Screw Guns: "screw gun extension"

  Powder-Actuated Tools with Stand-Up Handles: (fabricante de la herramienta) + *"stand-up handle"*

- Los proveedores locales de herramientas y equipos para contratistas o compañías que alquilan equipos también pueden servir como fuente de información de este tipo de productos.

- Para obtener información general sobre esta solución consulte *www.cpwrconstructionsolutions.org* y *www.elcosh.org*.

Niveladoras motorizadas para concreto

El problema

Cuando usted usa una niveladora manual para trabajar con concreto debe doblar el cuerpo y agarrar firmemente la tablilla para empujarla y nivelar el concreto húmedo. Sus brazos y hombros realizan hacen fuerza una y otra vez.

La realización de este tipo de trabajo con frecuencia y por largos períodos de tiempo aumenta la probabilidad de que usted se fatigue y tenga dolor. La espalda, las rodillas, las manos, los brazos y los hombros se tensionan tanto que pueden ocurrir lesiones graves en los músculos o de las articulaciones.

Problema: Uso de una niveladora manual

Una solución

Use una **niveladora motorizada** (o **vibratoria**). Así usted puede trabajar de pie y la operación de la niveladora requiere mucho menos esfuerzo que si lo hiciera manualmente.

Este tipo de niveladora elimina tanto el trabajo en una posición agachada como los movimientos repetitivos de los brazos y hombros.

Solución: Uso de una niveladora motorizada

¿Cómo funciona?

La niveladora motorizada está formada de una espátula o plancha que flota sobre el concreto, uno o dos motores de gasolina que hacen vibrar la espátula, tubería metálica de soporte y un mango para sostenerla durante su operación.

Funciona mejor cuando se utiliza en trabajos pequeños o medianos.

Beneficios para el trabajador y el empleador

Una niveladora motorizada debe reducir las probabilidades de que el trabajador sufra lesiones musculares y de las articulaciones. Este equipo disminuye en gran medida el esfuerzo físico que se necesita para operar una niveladora manual y evita tener que agacharse frecuentemente y por mucho tiempo. Se requiere poco esfuerzo para mover la plancha sobre la superficie de concreto.

El trabajo con una niveladora motorizada puede hacerse más rápido que con la manual. Muchos contratistas indican mejorías en su productividad. La vibración de la plancha mejora la consolidación del concreto y reduce el tiempo ocupado para nivelar la superficie (*bull floating*, en inglés).

Hay ciertas desventajas. Aunque con la niveladora motorizada se puede nivelar el concreto alrededor de las tuberías de protección de cables eléctricos o de plomería, puede ser necesario hacerlo manualmente en algunos sitios. También puede ser difícil transportar la niveladora motorizada de un sitio a otro. Una niveladora motorizada de un solo motor pesa cerca de 50 lb y puede ser difícil de levantar y cargar. Algunas niveladoras motorizadas tienen un sistema de liberación rápida que permite desprender la plancha de la estructura principal, lo cual facilita su transporte.

La vibración también puede causar problemas. Es importante proteger a los trabajadores contra el síndrome de vibración en las manos y los brazos (HAVS, por sus siglas en inglés), un trastorno nervioso que puede ser discapacitante. NIOSH midió los niveles de vibración de tres tipos de niveladoras motorizadas. Dos de las niveladoras tenían el motor de gasolina en la parte inferior de la estructura y sobre la plancha. Una de las niveladoras tenía el motor ubicado en un eje sencillo y el operador agarraba el eje por debajo del motor. Los niveles de vibración de los dos tipos con el motor en la parte inferior estaban por debajo de las normas recomendadas para prevenir el síndrome de vibración en las manos y los brazos. La tercera niveladora, más antigua y con mantenimiento precario, arrojó un nivel mucho mayor de vibraciones que podría exceder las normas actuales de prevención del Síndrome de vibración en las manos y los brazos. Si el motor está conectado a la estructura o al eje que el operador debe agarrar puede haber mayores niveles de vibración. Al comprar una niveladora motorizada, averigüe los niveles de vibración y hágale una prueba.

Costo aproximado

Una niveladora motorizada de un motor cuesta cerca de $1,500 mientras que el precio de una con dos motores es de $4,000 aproximadamente y requiere de dos operadores.

Más información

- Los productos relacionados con esta solución se describen en *www.cpwr.com/simple.html*. También se pueden encontrar otros productos en Internet buscando los siguientes términos en inglés: *"power screed"*, *"vibratory screed"*, o *"concrete screed."*

- Los proveedores locales de herramientas y equipos para contratistas o compañías que alquilan equipos también pueden servir como fuente de información de este tipo de productos.

- Para obtener información general sobre esta solución consulte *www.cpwrconstructionsolutions.org* y *www.elcosh.org*.

Herramientas para atar barras y varillas de refuerzo

El problema

Los trabajadores atan manualmente las barras y varillas de refuerzo con alicates y alambre. Esta actividad requiere la realización de movimientos repetitivos y rápidos de las manos y los brazos mientras que se hace mucha fuerza. Si usted amarra las barras varillas al nivel del suelo además tiene que trabajar en una posición bastante encorvada hacia adelante.

Atar las barras y varillas de refuerzo manualmente aumenta la posibilidad de sufrir trastornos de la mano y muñeca debido a la cantidad de fuerza manual necesaria para agarrar los alicates, los movimientos rápidos necesarios para envolver y enrollar el alambre y la presión extrema a que se someten la mano y los dedos cuando se dobla y corta el alambre. Si trabaja al nivel del suelo, también corre el riesgo de sufrir lesiones en la parte inferior de la espalda debido a que se mantiene agachado o con el cuerpo doblado con frecuencia y por mucho tiempo.

Una solución

Use una **herramienta para atar barras y varillas de refuerzo**. Esto disminuye el riesgo de sufrir lesiones en la mano y la muñeca debido a que se eliminan los movimientos rápidos y frecuentes en las manos que se necesitan para usar los alicates. Algunos equipos para atar barras y varillas de refuerzo permiten trabajar de pie, con lo que se reduce la tensión en la parte inferior dc la espalda ocasionada por mantener posiciones agachadas y dobladas.

Problema: Atado manual de barras de refuerzo

Solución: Herramienta para atar barras de refuerzo con mango de extensión

¿Cómo funciona?

En la actualidad se encuentran disponibles herramientas para atar barras y varillas de refuerzo manuales y a pilas.

Los equipos para atar barras y varillas de refuerzo que funcionan con pilas amarran automáticamente las barras y varillas con un nudo hecho de alambre. Se pueden usar cuando se requieren nudos sencillos. Sin embargo, no son tan fuertes como los nudos de estribo o de ocho.

Varias compañías ofrecen atadores de barras y varillas de refuerzo motorizados. En uno de los modelos, usted presiona el disparador y la herramienta enrolla el alambre alrededor de las barras, lo dobla y lo corta. Estos modelos no son herramientas para trabajar de pie, pero se puede conseguir una extensión ajustable.

La segunda herramienta es un atador motorizado para trabajar de pie que usa alambre de resorte en espiral para amarrar las barras y varillas de refuerzo. La herramienta automáticamente enrolla (o envuelve) el alambre plano en espiral alrededor de las barras que se interceptan. Esta herramienta fue diseñada teniendo en cuenta los principios de ergonomía.

Beneficios para el trabajador y el empleador

Los trabajadores deben sufrir menos lesiones. Algunos estudios realizados por NIOSH y la *Construction Safety Association of Ontario* en Canadá compararon métodos manuales con un modelo de equipo para atar motorizado y se demostró que el uso de la herramienta con motor puede reducir el riesgo de los trabajadores de sufrir lesiones en las manos, las muñecas y la parte inferior de la espalda.

Se han documentado aumentos en la productividad. Los estudios de NIOSH-Ontario indicaron que las herramientas para atar motorizadas pueden amarrar las barras y varillas de refuerzo dos veces más rápido que al hacerlo manualmente. Los aumentos reales en la productividad dependerán del tipo de trabajo que se realice y su frecuencia. De igual manera, los contratistas y los instaladores de varillas de acero de refuerzo (*rod busters,* en inglés) que usaron la herramienta con motor utilizada en los estudios indicaron que preferían este equipo para trabajos en superficies planas en vez del método manual. Antes de empezar a usar estas herramientas para atar, asegúrese de que el tipo de nudo obtenido sea apropiado para su actividad laboral.

Costo aproximado

El costo de las herramientas para atar con alambre está por debajo de los $2,700 y el alambre cuesta cerca de 2 centavos por nudo. Las herramientas para atar que usan alambre de resorte en espiral cuestan menos de $1,300 y el alambre cuesta 3 centavos por nudo. Los modelos motorizados generalmente requieren pilas y cargadores adicionales que pueden estar incluidos en el precio.

Más información

- Los productos relacionados con esta solución se describen en *www.cpwr.com/simple.html*. También se pueden encontrar otros productos en Internet buscando los siguientes términos en inglés: *"rebar tying system"* o *"rebar tier."*

- Los proveedores locales de herramientas y equipos para contratistas o compañías que alquilan equipos también pueden servir como fuente de información de este tipo de productos.

- Para obtener información general sobre esta solución consulte *www.cpwrconstructionsolutions.org* y *www.elcosh.org*.

Plataformas rodantes para arrodillarse

El problema

En muchas actividades de la construcción se requiere que el trabajador se arrodille, acuclille o se encorve frecuentemente, ya que su trabajo se realiza al nivel del piso. El trabajar arrodillado en superficies duras ejerce una presión extrema directamente en la rodilla y el acuclillarse ejerce tensión en los tendones, ligamentos y cartílagos de la articulación de la rodilla. Trabajar en cualquiera de esas dos posiciones a menudo o por largos períodos puede causar afecciones en las rodillas, como la artrosis de la rodilla o gonartrosis.

Si trabaja en una posición encorvada la parte inferior de la espalda y las rodillas se tensionan, lo cual puede causar dolores y hasta lesiones graves en la espalda.

Problema: Arrodillarse para trabajar cerca del piso

Una solución

Use una **plataforma rodante para arrodillarse** portátil que tenga apoyo para el pecho. En trabajos que requieren arrodillarse o acuclillarse al nivel del piso estos aparatos reducen la tensión en las rodillas, los tobillos y la parte inferior de la espalda.

Solución: Plataforma rodante para arrodillarse durante la instalación de baldosas

¿Cómo funciona?

Hay plataformas rodantes para arrodillarse que vienen con asientos desmontables y rodilleras acolchadas. Son bastante bajas y tienen rueditas de 2 a 3 pulgadas. Uno de los modelos tiene rodilleras ubicadas a tan solo ¾ de pulgada sobre el piso. Las rodilleras acolchadas reducen la presión en las rodillas tal como lo hacen las rodilleras corrientes.

También hay modelos con soporte acolchado ajustable para el pecho. Son bastante útiles cuando se realizan labores prolongadas al nivel del piso como la instalación de baldosas y los arreglos en superficies de concreto. Sirven para apoyar el peso de la persona, lo que reduce la distensión en la espalda y en parte la presión en las rodillas.

Beneficios para el trabajador y el empleador

Las plataformas rodantes para arrodillarse sirven de apoyo cuando se trabaja en posturas forzadas y con tensión excesiva. Disminuyen la tensión en las rodillas y la parte inferior de la espalda y pueden prevenir problemas graves en los músculos o las articulaciones. Debido a que el trabajo se puede realizar con menos molestias y dolor la productividad a menudo aumenta.

Las plataformas rodantes para arrodillarse permiten que los trabajadores se muevan más fácil y rápidamente y en ocasiones traen secciones para colocar convenientemente las herramientas.

Estos equipos pueden usarse para prestar ayuda a los trabajadores lesionados que se reintegran a sus labores, ya que pueden trabajar con menos tensión en las rodillas y espalda.

Costo aproximado

Las plataformas rodantes para arrodillarse sin soporte para el pecho cuestan cerca de $200 y el soporte ajustable tiene un valor aproximado de $75.

Más información

- Los productos relacionados con esta solución se describen en *www.cpwr.com/simple.html*. También se pueden encontrar otros productos en Internet buscando los siguientes términos en inglés: *"kneeling creeper."*

- Los proveedores locales de herramientas y equipos para contratistas o compañías que alquilan equipos también pueden servir como fuente de información de este tipo de productos.

- Para obtener información general sobre esta solución consulte *www.cpwrconstructionsolutions.org* y *www.elcosh.org*.

Andamios ajustables para albañilería

El problema

Los albañiles a menudo necesitan agacharse con el fin de levantar ladrillos, bloques y mortero para colocarlos en la pared. Este tipo de actividad puede requerir que el trabajador doble y tuerza bastante el cuerpo.

Si usted mantiene los materiales por debajo del nivel de las caderas o instala ladrillos o bloques en una sección de pared ubicada a una altura inferior al nivel de las caderas se tiene que doblar mucho más y torcer su cuerpo más a menudo.

El agacharse frecuentemente causa fatiga y tensiona la parte inferior de la espalda. Esta tensión aumenta la probabilidad de sufrir de dolor en la parte inferior de la espalda o de lesiones graves en la espalda. Su riesgo de lesionarse es aún mayor si usted además tuerce rápidamente el cuerpo, especialmente cuando levanta objetos pesados.

Una solución

Use un **andamio de niveles ajustables**. Este tipo de andamio sirve para que el albañil se encorve menos, ya que los materiales y la superficie de trabajo están cerca del nivel de las caderas y por lo tanto se trabaja en una posición más cómoda y que causa menos tensión en el cuerpo. Los andamios de niveles ajustables se encuentran disponibles para todo tipo de trabajo, desde construcciones residenciales de un piso hasta proyectos de construcciones de varios pisos. Puede que este equipo no sea adecuado para todo tipo de trabajo.

Problema: Andamio convencional sin estructura de protección

Solución: Los albañiles terminan el nivel superior en un andamio de niveles ajustables

¿Cómo funciona?

Los andamios ajustables tienen plataformas separadas para el trabajador y los materiales. Tanto los materiales como la superficie de trabajo se pueden colocar a una altura al nivel de la cintura del trabajador ya que la plataforma se puede subir o bajar. Los andamios pequeños se pueden subir manualmente mediante un gato o guinche manual. Los andamios más altos pueden elevarse mediante un guinche mecánico.

Beneficios para el trabajador y el empleador

Los albañiles reducen sus probabilidades de sufrir dolor en la parte inferior de la espalda o lesiones en la espalda. Los trabajadores gastan menos tiempo manipulando los materiales ya que los ladrillos, los bloques y el mortero se transportan en distancias más cortas. Los trabajadores realizan menos esfuerzo físico e indican que sufren menos fatiga al final del día. También indican que les gustan las plataformas más anchas ya que tienen más espacio para moverse.

Los ayudantes de albañilería encargados de armar los andamios tradicionales también se benefician en gran manera. Los andamios de niveles ajustables reducen las labores físicas intensas requeridas para cambiar constantemente la altura de la estructura del andamio. Se reducen actividades como levantar y cargar estructuras y tablas pesadas, así como el transporte de materiales hacia y desde el suelo. Los andamios de niveles ajustables también reducen el riesgo de que los ayudantes de albañilería se caigan cuando arman las estructuras de los andamios.

Se han medido aumentos en la productividad con el uso de los andamios de niveles ajustables. En un estudio se indicó que la productividad de los albañiles aumentó el 20% con el uso de estos andamios y algunos contratistas han indicado aumentos mayores en la productividad.

Costo aproximado

Los costos varían de acuerdo a la forma en que se eleva la plataforma de trabajo (manual vs. motorizada), la altura de la obra de albañilería y el tamaño total del proyecto. Los andamios de uso pesado para obras de construcción comercial de tres pisos cuestan cerca de $300 por pie lineal. Los andamios para trabajos livianos en obras residenciales y comerciales pequeñas con alturas similares cuestan aproximadamente $200 por pie lineal. Los contratistas que han usado estos sistemas indican que el aumento en la productividad permite recuperar los costos, sin embargo los beneficios reales pueden variar.

Más información

- Los productos relacionados con esta solución se describen en *www.cpwr.com/simple.html*. También se pueden encontrar otros productos en Internet buscando los siguientes términos en inglés: "*adjustable scaffolding.*"

- Los proveedores locales de herramientas y equipos para contratistas o compañías que alquilan equipos también pueden servir como fuente de información de este tipo de productos.

- Para obtener información general sobre esta solución consulte *www.cpwrconstructionsolutions.org* y *www.elcosh.org*.

SOLUCIONES SIMPLES para actividades que requieren movimientos por encima de la cabeza

El problema

En algunos trabajos de construcción se necesita realizar actividades que requieren movimientos por encima de la cabeza, como alcanzar objetos con uno o ambos brazos sobre el nivel de los hombros. En ocasiones su cabeza estará inclinada hacia atrás para poder ver lo que se hace. Ya sea que usted esté usando el taladro, colocando sujetadores o terminando de instalar los paneles de yeso (*drywall* o tablaroca), este tipo de trabajo realizado sobre el nivel de la cabeza tensiona los hombros y el cuello. Con el tiempo, puede ocasionar lesiones graves en los músculos y las articulaciones.

Usted tiene el riesgo de sufrir lesiones si realiza este tipo de trabajo a menudo y por períodos largos. El riesgo aumenta si usted frecuentemente sostiene herramientas, equipos o materiales sobre el nivel de los hombros o si tuerce su cuerpo mientras sus brazos están levantados en posiciones forzadas.

Cuando se trabaja en posiciones con los brazos levantados hay más probabilidad de sufrir lesiones si se realizan movimientos repetitivos o que requieren de mucha fuerza. Por ejemplo, cuando se trabaja con herramientas manuales y se realizan movimientos por encima de la cabeza una y otra vez y se hace mucha fuerza para alcanzar objetos situados arriba. Levantar, sostener y colocar objetos pesados o de formas extrañas e irregulares mientras que tiene los brazos levantados requiere también de fuerza.

El trabajar en posiciones que requieran movimientos por encima de la cabeza también puede reducir su capacidad para trabajar en forma segura y productiva. Por ejemplo, tiene riesgo de sufrir muchos tipos de lesiones si su campo visual está bloqueado, si el piso no es firme o si tiene dificultad para sostener o colocar alguna herramienta.

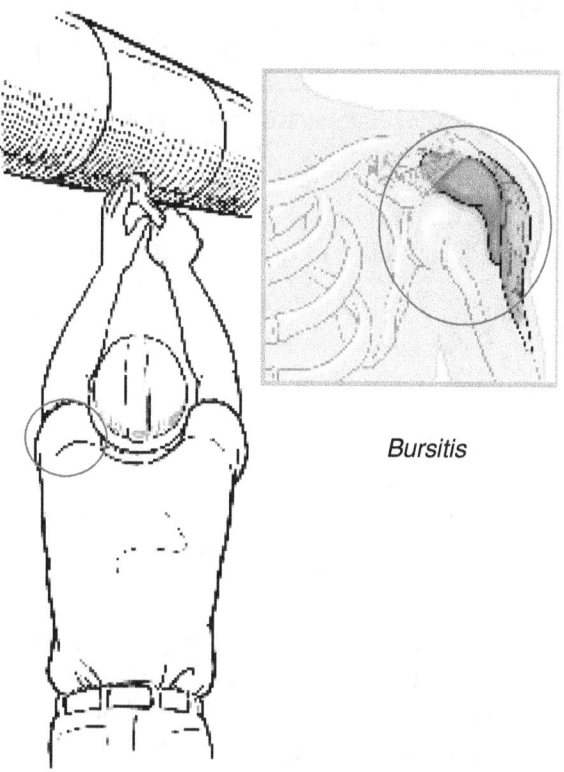

Bursitis

Lesiones y trastornos

A continuación describimos algunas de las lesiones que puede sufrir si realiza actividades que requieran movimientos por encima de la cabeza.

Hombro. Los dolores y las lesiones de los hombros generalmente son el resultado de usarlos excesivamente. Si mantiene el brazo levantado por encima del hombro (o mantiene el brazo estirado) en poco tiempo el hombro le empezará a doler y se cansará muy fácilmente.

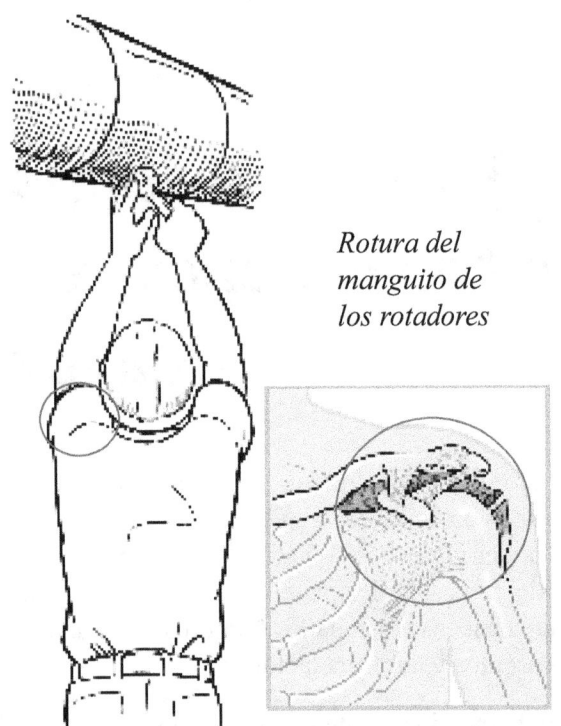

Rotura del manguito de los rotadores

Los músculos del hombro se conectan al brazo mediante los tendones. Entre los tendones y los huesos se encuentran unas bolsas pequeñas llenas de líquido llamadas bursa, que lubrican el hombro para facilitar el movimiento. La tensión constante en el hombro puede causar que la bursa se contraiga, se hinche, se ponga rígida y se inflame (bursitis). Debido a la bursitis puede ser doloroso o casi imposible levantar el brazo.

Esta tensión constante en el hombro puede causar la inflamación de los tendones del hombro y por consiguiente dolor (*tendinitis*).

La *rotura del manguito de los rotadores* es otra lesión del hombro. El manguito de los rotadores está constituido por un grupo de cuatro músculos y sus tendones que envuelven la parte frontal, trasera y superior de la articulación del hombro y que permiten que el hombro realice una variedad de movimientos. La tensión en el hombro puede ocasionar su rotura por lo que puede ser difícil y doloroso llevar a cabo actividades cotidianas.

Una revisión de NIOSH de algunos estudios indicó que el riesgo de sufrir de dolores de hombro o trastornos musculares o de las articulaciones del hombro aumenta con la combinación de factores como trabajar a menudo con los brazos levantados (a 60° o más), realizar movimientos repetitivos de hombros y brazos mientras se mantiene esta posición y hacer fuerza en esa postura.

Cuello. El cuello es una estructura complicada compuesta de siete huesos, llamados *vértebras cervicales*, situados uno debajo del otro. También se compone de *cartílagos, nervios, músculos y ligamentos* (cordones fibrosos largos que sostienen los músculos). Cuando el cuello se flexiona hacia adelante o hacia atrás o con frecuencia, los músculos se esfuerzan más y los ligamentos se flexionan y estiran. Con el tiempo estos ligamentos se pueden romper parcialmente ocasionando un esguince *cervical o del cuello*.

Otra afección común es el *síndrome de tensión del cuello*, que es una distensión muscular ocasionada por permanecer largos períodos con la cabeza flexionada hacia atrás. Esto puede causar rigidez en el cuello, espasmos musculares y dolores en el cuello o que se propagan desde esta región.

También es posible padecer de *artritis* cervical o del cuello. El riesgo de sufrir de artritis es mayor en los trabajadores que han tenido una lesión del cuello y todavía siguen realizando trabajos que requieren movimientos por encima de la cabeza.

De acuerdo a un estudio de NIOSH realizado en 1997, el riesgo de sufrir dolor del cuello o trastornos musculoesqueléticos del cuello aumenta con la combinación de factores como trabajar a menudo con el cuello flexionado (a 15° o más), realizar movimientos repetitivos y hacer fuerza en esa postura.

Algunas soluciones

Las labores que requieren movimientos por encima de la cabeza no pueden ser eliminadas de la actividad de la construcción, pero es posible cambiar la forma en que se realizan de tal manera que el cuerpo las pueda ejecutar más fácilmente. Hay soluciones que pueden reducir el nivel de tensión en los hombros, cuello y brazos. Además pueden disminuir la frecuencia y duración de la tensión en el cuerpo.

Muchas de las soluciones también pueden eliminar otros riesgos de seguridad potenciales e incrementar la productividad.

El tipo de actividad y las condiciones del lugar de trabajo determinarán la mejor solución para su actividad. En las hojas informativas #6–9 se indican algunas posibles soluciones para problemas relacionados con actividades específicas que requieren movimientos por encima de la cabeza.

Algunas soluciones generales para realizar actividades con movimientos por encima de la cabeza que conllevan menos riesgo de lesiones son:

Cambio de materiales o procesos de trabajo. Una de las soluciones más eficaces puede ser el uso de materiales, componentes para la construcción o métodos de trabajo que requieran menos esfuerzo físico del trabajador de tal manera que tomen menos tiempo y el movimiento por encima de la cabeza se realice durante períodos más cortos. Por ejemplo, la instalación de piezas de concreto en las estructuras del cielo raso eliminaría la necesidad de taladrar por largos períodos de tiempo para colocar las varillas estriadas de los sistemas de cielos rasos. Generalmente un trabajador o un subcontratista de la construcción no puede tomar una decisión de este tipo. Ciertos cambios pueden requerir de la aprobación del dueño de la obra, arquitecto, ingeniero o contratista general.

Cambio de herramientas o equipo. Por ejemplo, utilice extensiones de barrenas para taladros y pistolas de tornillos que le permitan sostener la herramienta al nivel de la cintura o de los hombros en vez de por encima de la cabeza. Use elevadores o montacargas mecánicos para levantar y colocar los materiales de construcción en vez de hacerlo manualmente o use un elevador de personas para ubicarse cerca del área de trabajo. En algunos casos el costo y las condiciones del lugar de trabajo pueden restringir el uso de equipos de este tipo.

Cambie las reglas de trabajo y ofrezca capacitación. Los contratistas pueden fomentar el uso de equipos como extensiones, elevadores y montacargas que reduzcan la necesidad de levantar los brazos para realizar las labores. Se pueden establecer reglas para limitar el tiempo que los trabajadores dedican a la realización de tareas que requieran movimientos por encima de la cabeza sin que descansen. Una política que ofrezca capacitación en conceptos de ergonomía también puede ayudar a que los trabajadores identifiquen problemas potenciales y busquen soluciones eficaces.

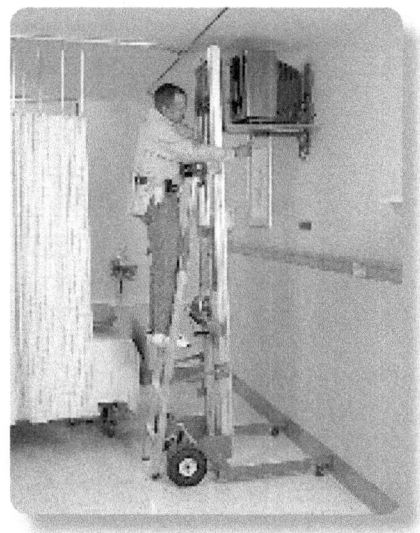

Los elevadores mecánicos reducen la tensión producida al sostener y colocar objetos

Los elevadores de personas brindan plataformas estables para realizar trabajos que requieren movimientos por encima de la cabeza y eliminan la necesidad de escaleras y andamios

Vástago de extensión de broca para taladros y pistolas de tornillos

El problema

Si usted usa taladros o pistolas de tornillos para trabajar en áreas ubicadas por encima de la cabeza tendrá que mantener sus brazos y su cuello en posturas fijas, forzadas y difíciles. Tiene que hacer fuerza hacia arriba y sobre el nivel de los hombros con una herramienta pesada, usando los músculos del hombro en vez de los bíceps.

Este tipo de trabajo puede tensionar los brazos, el cuello, los hombros y la espalda. Puede causar fatiga y lesiones graves en los músculos y las articulaciones.

Problema: Taladrar en sitios que requieren movimientos por encima de la cabeza

Una solución

Use una **extensión de vástago de broca** para el taladro o pistola de tornillos de tal manera que los pueda sostener por debajo del nivel de los hombros y cerca de la cintura.

Con esto se disminuirá la tensión en los brazos, el cuello, los hombros y la espalda ya que no tendrá que sostener la herramienta por encima de los hombros y trabajar en posturas forzadas. En esta posición la parte superior de los brazos se mantendrá cerca del cuerpo y las manos en frente. De esta forma se hace fuerza con los bíceps en vez de los hombros.

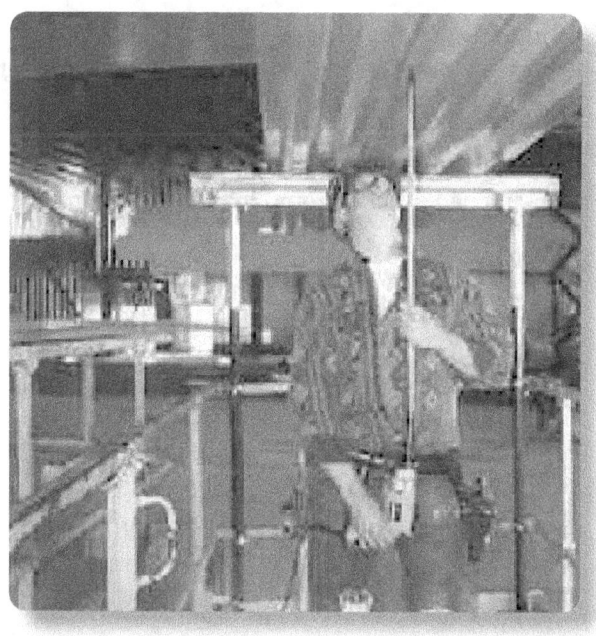

Solución: Uso de extensión

¿Cómo funciona?

Las extensiones son similares a los casquillos comunes pero más largas. Se pueden fabricar con tubos de acero al carbono. A un extremo del tubo se suelda una pieza que encaja en el portavástago del taladro o pistola de tornillos. Al otro extremo del tubo se suelda un casquillo de impacto. Y luego se puede insertar una broca en el receptáculo. Se coloca una tubería de PVC sobre la extensión como manga de protección. Parte de la tubería de PVC cubre la broca. Esta manga protege sus manos del vástago que gira y le permite controlar mejor la herramienta. Con una mano se sostiene la herramienta y con la otra la manga de protección.

Varios fabricantes ofrecen extensiones en diferentes longitudes y diámetros. Generalmente el largo varía entre 12 y 40 pulgadas. También es posible que usted fabrique su propia extensión. Antes de usar una extensión para taladrar o ajustar algo debe determinar si se puede utilizar para este tipo de trabajo.

Beneficios para el trabajador y el empleador

Las extensiones de brocas deben reducir las probabilidades de que el trabajador sufra lesiones musculares y de las articulaciones. Los trabajadores se benefician ya que no tienen que sostener una herramienta pesada al nivel de los hombros por largos períodos. La extensión sola pesa menos de dos libras y con un poco de práctica se vuelve más de fácil. Una compañía que usa estas extensiones indica que a sus trabajadores les gusta trabajar con ellas por la manera en que previenen la tensión en los hombros.

Sin embargo, la extensión no resuelve el problema que causa el mantener su cuello flexionado hacia atrás para poder mirar arriba mientras se realiza el trabajo. Para disminuir la tensión en el cuello evite inclinar la cabeza para mirar hacia arriba si no lo requiere. Como medida de seguridad, asegúrese de que la extensión esté bien ajustada en el portavástago antes de encender el taladro. Los tornillos de las pistolas también tienen que estar bien ajustados en la broca.

Costo aproximado

Usted puede fabricar su propia extensión de broca lo cual costará entre materiales y mano de obra de $1 a $2. Las extensiones de broca comerciales cuestan aproximadamente $12 por un modelo de 12 pulgadas hasta $45 por un modelo de 24 pulgadas.

Más información

- Los productos relacionados con esta solución se describen en *www.cpwr.com/simple.html*. También se pueden encontrar otros productos en Internet buscando los siguientes términos en inglés: "*bit extension shaft.*"

- Los proveedores locales de herramientas y equipos para contratistas o compañías que alquilan equipos también pueden servir como fuente de información de este tipo de productos.

- Para obtener información general sobre esta solución consulte *www.cpwrconstructionsolutions.org* y *www.elcosh.org*.

Varas de extensión para herramientas de impacto

El problema

El uso de herramientas fijadoras de impacto con motor (PAT, por sus siglas en inglés) en áreas por encima del nivel de la cabeza puede ocasionar lesiones graves en los hombros, brazos y manos.

Usted trabaja con los brazos sobre el nivel de los hombros en posturas forzadas que pueden causar dolor en los músculos y articulaciones. En ocasiones debe mantener estas posiciones incómodas por mucho tiempo o repetirlas una y otra vez durante su turno de trabajo. Esto puede causar fatiga y eventualmente afecciones de los brazos y hombros como bursitis o tendinitis del mango de los rotadores.

El choque por retracción transmitido desde la herramienta hasta la mano, el brazo y el hombro incrementa aún más el riesgo de lesiones. Además, cuando se instalan fijadores a la altura del cielo raso se debe trabajar en una escalera, andamio o elevador motorizado lo cual conlleva sus propios riesgos.

Una solución

Use una **vara de extensión** para realizar labores que requieren movimientos por encima de la cabeza. Es una vara modular o de longitud fija que se sujeta a la herramienta de impacto. Con la extensión, la herramienta queda completamente fuera de su mano y todo lo que usted tiene que hacer es presionar el gatillo.

Ya no necesita levantar los brazos por encima de los hombros y mantenerlos en esa posición para trabajar a nivel del cielo raso, puesto que la extensión realiza esa función.

Problema: Uso de herramientas de impacto en trabajos realizados por encima de la cabeza

Solución: Herramienta de impacto con extensión modular

La extensión le ayuda a mantener una postura del cuerpo más neutral. Sus brazos están más cerca del cuerpo y por debajo del nivel de los hombros lo que disminuye el riesgo de lesiones en los hombros, brazos y manos. De igual manera se presenta menos choque por retracción hacia los hombros y el cuello. Además, puede trabajar al nivel del piso y no requiere utilizar escaleras, andamios o elevadores.

¿Cómo funciona?

La herramienta de impacto se sujeta al extremo superior de la vara. Se instala un gatillo manual (similar al freno de una moto) en el extremo inferior. Para operar la herramienta solamente se necesita apretar el gatillo.

La vara de extensión puede ser de altura fija o ajustable. Las extensiones disponibles vienen en longitudes de 3 a 18 pies aunque las varas de más de 8 pies pueden ser difíciles de colocar y controlar. La pistola debe sostenerse con fuerza contra la superficie a un ángulo de 90 grados hasta que la herramienta termine de disparar.

Beneficios para el trabajador y el empleador

Los trabajadores tienen menos posibilidades de sufrir lesiones de los hombros, los brazos y las manos. Al estar sujeta la herramienta a la vara usted puede mantener los brazos bajo el nivel de los hombros. También sentirá menos en los hombros el choque por retracción. Es más, al estar la pistola alejada de su cabeza la exposición al ruido será menor. Gracias a la vara también mantendrá los ojos y la cara alejados del polvo del concreto y los desechos. Tenga en cuenta que todavía necesita mirar hacia el sitio en que se va a disparar la herramienta con lo cual se tensiona algo el cuello.

La productividad mejorará ya que con la extensión de la herramienta se requiere menos tiempo de preparación al no necesitarse escaleras, andamios o elevadores.

Costo aproximado

El costo de un ensamblaje de vara modular está entre $300 y $400; sin embargo, se debe tener en cuenta que ya no será necesario alquilar escaleras, andamios o elevadores para efectuar estas labores.

Más información

- Los productos relacionados con esta solución se describen en *www.cpwr.com/simple.html*. También se pueden encontrar otros productos en Internet buscando los siguientes términos en inglés: (nombre del fabricante de la herramienta de impacto) + "*pole tool.*"

- Los proveedores locales de herramientas y equipos para contratistas o compañías que alquilan equipos también pueden servir como fuente de información de este tipo de productos.

- Para obtener información general sobre esta solución consulte *www.cpwrconstructionsolutions.org* y *www.elcosh.org*.

Herramientas con resorte de compresión auxiliar para acabado de paneles de yeso

El problema

Si se usan las cajas tradicionales de compuesto para juntas para realizar el acabado de los paneles de yeso (conocidos también como *drywall* y tablaroca), se necesita de mucha fuerza para sacar el compuesto de la caja. Este tipo de movimiento forzoso y repetitivo para empujar combinado con movimientos que requieren alcanzar objetos por encima de la cabeza puede causar fatiga. Eventualmente este trabajo puede ocasionar lesiones graves en las muñecas, los brazos, los hombros y la espalda.

Con las cajas para superficies planas usted a menudo tiene que hacer mucha fuerza para empujar el compuesto mientras que dobla la muñeca y la espalda. El doblarse de esta forma mientras que empuja el material con mucha fuerza aumenta el riesgo de sufrir lesiones de los músculos o articulaciones. Su riesgo es mayor cuando realiza el mismo tipo de trabajo una y otra vez.

Los trabajadores encargados del acabado de los paneles de yeso indican que se requiere de mayor fuerza para empujar las cajas para esquinas que las cajas para superficies planas, ya que tienen que forzar el compuesto para juntas hacia un espacio más pequeño.

Una solución

Use una **caja para juntas con mecanismo de resorte auxiliar para acabado de paneles de yeso**. Este equipo realiza por usted la mayoría del movimiento de empuje. Se pueden conseguir cajas para superficies planas y herramientas para aplicado en las

Problema: Acabado manual de paneles de yeso con el uso de cajas de compuesto para juntas

Solución: Caja de compuesto para juntas con mecanismo de resorte auxiliar

esquinas con mecanismos de resorte que disminuyen significativamente la tensión producida por el movimiento para empujar el material.

En este tipo de cajas los resortes brindan hasta el 75% de la fuerza necesaria para empujar el compuesto para juntas hacia la pared. Las herramientas con mecanismo de resorte para las esquinas ofrecen el 100% de la fuerza necesaria para el acabado de las esquinas.

¿Cómo funciona?

Las cajas para superficies planas con mecanismo de resorte son parecidas y funcionan de la misma manera que las cajas tradicionales. Las ruedas de la caja activan el dispositivo auxiliar. Los resortes situados en la parte externa de la caja comprimen las palancas. Con esto, las palancas empujan la placa de presión y el compuesto para juntas sale cuando las rueditas tocan la pared. Las cajas vienen en varios anchos y con mangos de diferentes longitudes.

Las cajas para esquinas con mecanismo auxiliar tienen resortes hidráulicos. Cuando se gira la manija, el resorte empuja el compuesto para juntas a través de un cabezal normal para acabado de esquinas. Lo único que necesita es deslizar la herramienta hacia abajo a lo largo de la esquina.

Estos dos tipos de herramientas con mecanismo de resorte se rellenan con el compuesto para juntas con una bomba normal.

Beneficios para el trabajador y el empleador

Una caja de compuesto para juntas con mecanismo de resorte debe reducir las probabilidades de que el trabajador sufra lesiones de los músculos y las articulaciones. Más del 80% de los trabajadores que participaron en un estudio indicaron que les gustaba trabajar más con las nuevas herramientas que con las antiguas. Después de usar ambas herramientas todos los trabajadores en el estudio reportaron que no se cansaban tanto como con las herramientas tradicionales y la mayoría indicó que tenía menos dolor.

El mismo estudio indicó un posible aumento en la productividad. Se obtuvieron los mismos resultados con las cajas para superficies planas con mecanismo de resortes que con las tradicionales. Sin embargo, causaron menos fatiga y dolor en los trabajadores, quienes indicaron que trabajaron más porque se cansaban menos. También pudieron usar las nuevas cajas por mayor tiempo sin fatigarse. Además, la mayoría de los trabajadores indicó que las cajas para esquinas con mecanismo auxiliar eran más rápidas y fáciles de usar que las antiguas cajas.

Costo aproximado

Estas herramientas se pueden alquilar o comprar. El alquiler cuesta casi lo mismo que el de las cajas normales. Uno de los fabricantes vende un juego de tres cajas para juntas con resorte auxiliar por aproximadamente $1,300 y una caja con mecanismo de resorte para acabado de esquinas por cerca de $1,400.

Más información

- Los productos relacionados con esta solución se describen en *www.cpwr.com/simple.html*. También se pueden encontrar otros productos en Internet buscando los siguientes términos en inglés: *"drywall tool"* + *"spring assisted."*

- Los proveedores locales de herramientas y equipos para contratistas o compañías que alquilan equipos también pueden servir como fuente de información de este tipo de productos.

- Para obtener información general sobre esta solución consulte *www.cpwrconstructionsolutions.org* y *www.elcosh.org*.

Sistemas neumáticos de acabado de paneles de yeso

El problema

El acabado de los paneles de yeso (conocidos también como *drywall* y tablaroca) requiere mucho esfuerzo y repetición. Su cuerpo se ve forzado a trabajar en una postura incómoda que puede causar lesiones graves en muñecas, hombros, brazos y espalda.

Trabajar con las muñecas dobladas y con la espalda doblada o torcida es muy común en los trabajos de acabado manuales. Se repiten una y otra vez algunos movimientos difíciles con las manos, los brazos y la espalda. Algunas herramientas que se usan en este tipo de labores (como las cajas de compuesto para juntas para superficies planas y acabado de esquinas) pueden causar problemas, ya que usted debe hacer mucha fuerza para empujar el material.

La combinación del movimiento para empujar el material y la posición forzada produce fatiga al igual que cansancio y dolor en los músculos. Y con el tiempo puede incrementarse la posibilidad de sufrir lesiones en los músculos y las articulaciones.

Una solución

Use un **sistema neumático para acabado de paneles de yeso**. Usted evitará el acabado manual y no tendrá necesidad de usar cajas para superficies planas o para acabado de esquinas. Aunque todavía tendrá que realizar movimientos y mantener posiciones forzadas, no tendrá que hacer tanta fuerza al mismo tiempo y por períodos largos. Un compresor de aire provee la suficiente presión para forzar el paso del

Problema: Acabado manual de paneles de yeso con el uso de cajas de compuesto para juntas

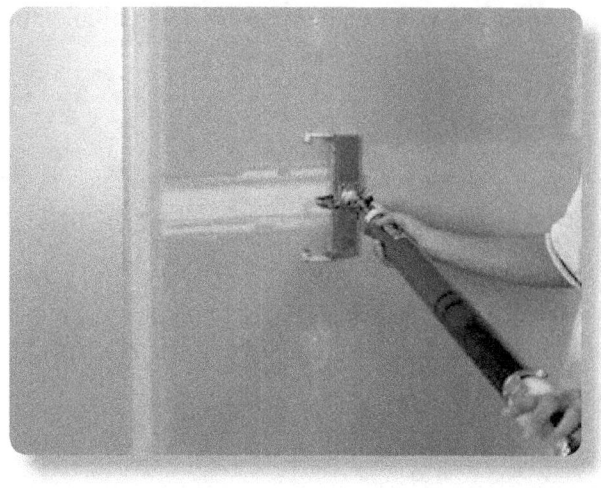
Solución: Sistema de acabado neumático

Soluciones Simples

Movimientos por encima de la Cabeza

compuesto para juntas a través de los cabezales para acabado de superficies planas y de esquinas del sistema neumático.

El sistema neumático requiere mucho menos esfuerzo físico que el acabado manual y disminuye los movimientos repetitivos de las muñecas, los brazos y la espalda. También el uso de herramientas automáticas requiere menos esfuerzo ya que no se necesita la misma fuerza para empujar el material que cuando se usan cajas. Solamente se tiene que deslizar esta herramienta motorizada a lo largo de la esquina.

¿Cómo funciona?

El compresor de aire ayuda a pasar el compuesto para juntas de paneles de yeso desde el cono hasta el tubo. Usted no necesita bombear el compuesto para juntas manualmente. Al presionar el disparador el aire impulsa el material por el cabezal de la herramienta. Los cabezales ofrecen la misma calidad de acabado que las cajas. La herramienta requiere de una línea de aire desde la tolva o cono al aplicador. También se necesita una conexión eléctrica para el compresor de aire.

Beneficios para el trabajador y el empleador

Estos sistemas deben reducir las probabilidades de que el trabajador sufra lesiones musculares y de las articulaciones. En un estudio, casi todos los trabajadores que probaron el sistema neumático opinaron que les gustaba más que las herramientas tradicionales. Los trabajadores indicaron que tenían menos cansancio en los músculos y que sentían menos dolor después de usar el sistema neumático.

También la productividad puede aumentar. Trabajadores que participaron en el estudio indicaron que el sistema neumático es más rápido que las antiguas cajas para acabado. Algunos trabajadores comentaron que les tomó un tiempo aprender a manejar el nuevo sistema y que aunque este proceso se demoró un poco al principio, se agilizó después de dos meses.

El sistema neumático tiene ciertas desventajas. Las líneas de aire y eléctricas pueden restringir el movimiento del operador al realizar el trabajo.

El nuevo sistema también toma más tiempo para transportar, ensamblar y limpiar que el equipo de acabado manual. Por lo tanto, puede que no sea tan práctico para trabajos de acabado pequeños.

Costo aproximado

El precio de los sistemas de acabado neumático empieza en los $3,500 y su valor puede aumentar de acuerdo a sus características.

Más información

- Los productos relacionados con esta solución se describen en *www.cpwr.com/simple.html*. También se pueden encontrar otros productos en Internet buscando los siguientes términos en inglés: "*drywall tool*" + "*pneumatic.*"

- Los proveedores locales de herramientas y equipos para contratistas o compañías que alquilan equipos también pueden servir como fuente de información de este tipo de productos.

- Para obtener información general sobre esta solución consulte *www.cpwrconstructionsolutions.org* y *www.elcosh.org*.

SOLUCIONES SIMPLES para levantar, sostener y manipular materiales

El problema

En muchos sitios de construcción los trabajadores ocupan bastante tiempo en actividades que requieren levantar, cargar, sostener, empujar o halar cargas de materiales. Aunque en la actualidad es muy común el uso de aparatos mecánicos para realizar ciertas labores aún se trabaja manualmente con muchos materiales. En ocasiones no es posible usar aparatos mecánicos para el manejo de los materiales debido a las condiciones del sitio.

Si usted levanta y transporta materiales a menudo o por períodos largos, constantemente ejerce una tensión en la espalda y los hombros. Con el tiempo usted puede sufrir lesiones graves en los músculos o en las articulaciones. Usted corre riesgo si manipula a menudo materiales pesados o de gran tamaño, transporta materiales por distancias largas, se encorva para recoger objetos pesados o se flexiona hacia atrás mientras los sostiene. Su riesgo es mayor si tuerce el cuerpo mientras manipula objetos pesados.

Usted puede sufrir una lesión si frecuentemente empuja o hala carritos, carretillas u otro equipo de transporte pesados.

Lesiones y trastornos

A continuación describimos algunas de las lesiones que puede sufrir si manipula materiales manualmente.

Espalda. El dolor en la parte baja de la espalda, o región lumbar, al igual que otras lesiones musculoesqueléticas de la espalda más graves pueden manifestarse de repente o con el paso del tiempo. Por ejemplo, los movimientos rápidos repentinos, especialmente durante la manipulación de objetos pesados, pueden causar inmediatamente una distensión muscular dolorosa. Estas distensiones pueden convertirse en lesiones graves si no se dejan sanar los músculos y se exponen a tensión adicional.

La columna vertebral está situada desde la parte superior del cuello hasta la parte inferior de la espalda. Está compuesta de varios huesos ubicados uno debajo del otro llamados *vértebras*. Entre cada vértebra se encuentran las *articulaciones* y los

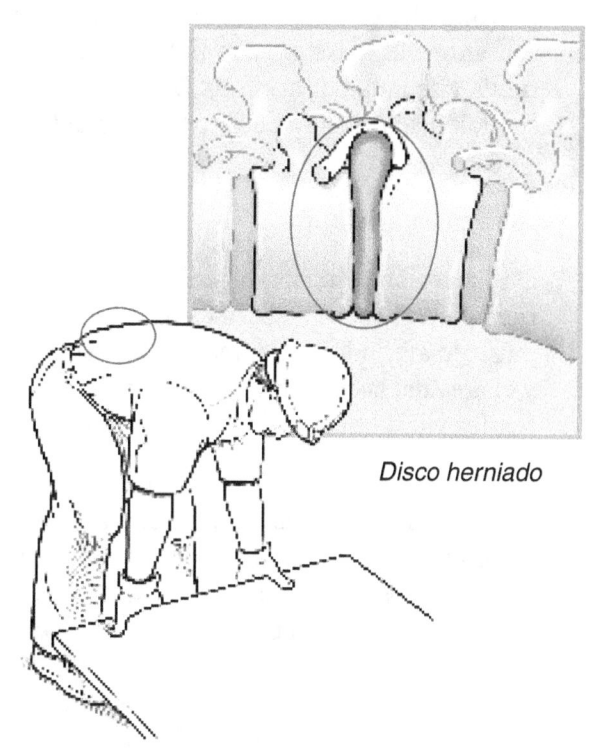

Disco herniado

discos, que le dan la flexibilidad de movimiento. La flexibilidad de los discos se debe a una sustancia gelatinosa que contienen.

Cuando usted levanta objetos, se flexiona hacia adelante, se estira hacia arriba o hacia atrás los músculos de la espalda se esfuerzan más y los *ligamentos* (las fibras largas que sostienen los músculos de la espalda) se flexionan y estiran. Los discos se comprimen y al hacerlo presionan diferentes partes de la columna, como por ejemplo los nervios, lo cual puede ocasionar dolor de espalda. Si se inclina hacia adelante constantemente por meses y años, los discos se debilitarán lo que podrá causar una ruptura o hernia de disco (hernia discal).

Torcer el cuerpo mientras se dobla aumenta aún más la presión en los discos, especialmente si usted está haciendo fuerza para levantar, empujar o halar objetos.

Hombros y cuello. Transportar objetos aunque sean livianos, por encima del nivel de los hombros puede hacer que los músculos de los hombros y del cuello se cansen y queden adoloridos. El riesgo de sufrir afecciones más graves de los hombros y del cuello aumenta cuando se realiza este tipo de trabajo con frecuencia o por períodos largos. Transportar o sostener objetos pesados en los hombros puede causar tensión en los músculos de los hombros y del cuello y producir lesiones en el sitio en que la carga hace contacto con el cuerpo.

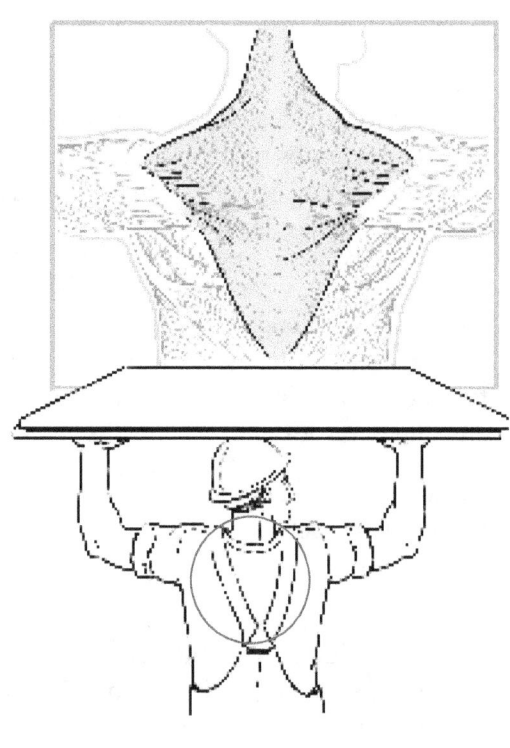
Músculo trapecio

Los músculos del hombro se conectan al brazo mediante los *tendones*. Entre los tendones y los huesos se encuentran unas bolsas pequeñas llenas de líquido llamadas *bursa*, que lubrican el hombro para facilitar el movimiento. La tensión constante en el hombro puede causar que la *bursa* se contraiga, se hinche, se ponga rígida y se inflame (*bursitis*). Debido a la bursitis puede ser doloroso o casi imposible levantar el brazo.

Esta tensión constante en el hombro puede causar la inflamación de los tendones del hombro y por consiguiente dolor (*tendinitis*).

Otra afección común es el síndrome de tensión del cuello. Este tipo de distensión muscular puede causar rigidez en el cuello, espasmos musculares y dolores en el cuello o que se propagan desde el cuello. El músculo afectado es el trapecio, un músculo grande y delgado que cubre la parte superior de la espalda y el área del hombro hasta el cuello. Usted puede notar un "nudo" en este músculo así como sentir rigidez y dolor.

Brazos, manos y muñecas. Si usted transporta objetos pesados que tienen bordes puntiagudos, estos pueden presionar la piel y causar lesiones en los tejidos delicados de las manos. Además, si usted manipula objetos que son difíciles de agarrar y sostener, puede forzar las manos o la muñeca a mantener posiciones forzadas y con mucha tensión que le podrán causar trastornos como la tendinitis y el síndrome del túnel carpiano.

Algunas soluciones

La manipulación de materiales es todavía una actividad común en el sector de la construcción, sin embargo es posible cambiar la forma en que se realiza de tal manera que se pueda hacer más fácilmente. Hay soluciones que pueden reducir el nivel de tensión en la espalda, los hombros, el cuello y otras partes del cuerpo. También pueden disminuir la frecuencia y duración en que su cuerpo está sometido a la tensión. Muchas de las soluciones también pueden eliminar otros riesgos de seguridad potenciales e incrementar la productividad.

El tipo de actividad y las condiciones del lugar de trabajo determinarán la mejor solución para su actividad. En las hojas informativas #10–13 se indican algunas posibles soluciones para problemas relacionados con actividades específicas de manipulación de materiales.

Algunas soluciones generales para la manipulación de materiales con menos riesgo de lesiones son:

Cambio de materiales o procesos de trabajo. Una de las soluciones más eficaces puede ser el uso de materiales, componentes para la construcción o métodos de trabajo que requieran menos esfuerzo físico del trabajador. Hay otros materiales que se pueden manipular sin requerir de mucho esfuerzo físico, mantener posturas forzadas o realizar movimientos repetitivos. Por ejemplo, en la actualidad se consiguen bolsas de cemento Portland de mitad de peso y bloques de concreto livianos para albañilería. Generalmente un trabajador o subcontratista no puede tomar una decisión sobre el cambio de materiales. Ciertos cambios pueden requerir de la aprobación del dueño de la obra, arquitecto, ingeniero o contratista general.

Cambio de herramientas o equipo. Usted puede comprar o alquilar equipo para el manejo de materiales para usar en todos los sectores de la construcción. Entre estos equipos se incluyen manijas redondeadas especiales y empuñaduras acolchadas para transportar objetos pesados; carritos y carretillas

Un elevador motorizado con mecanismo al vacío evita levantar objetos manualmente

motorizadas y mecánicas para uso en el interior o al aire libre; carritos para mover planchas y láminas, tuberías o conductos; y plataformas y gatos para sostener los materiales durante su instalación.

Se pueden conseguir elevadores mecánicos, hidráulicos y de mecanismo al vacío en una variedad de estilos y tamaños. Algunos permiten colocar los componentes y materiales en una forma relativamente fácil.

El folleto *Ergonomic Guidelines for Manual Material Handling* (DHHS/NIOSH Publicación no. 2007–131) describe muchos tipos diferentes de equipos para el manejo y transporte de materiales y se puede consultar en *www.cdc.gov/niosh/docs/2007-131/pdfs/2007-131.pdf*.

En algunos casos el costo y las condiciones del lugar de trabajo pueden restringir el uso de este tipo de equipos.

Cambio en las reglas de trabajo. Por ejemplo, los contratistas pueden requerir que los materiales se guarden a alturas convenientes y no sobre el piso, y que se transporten en su mayoría mediante el uso de equipos mecánicos. Una mejor planeación de las áreas destinadas para descargar y almacenar los materiales puede disminuir la cantidad de veces que se tienen que cambiar de lugar.

Ofrezca capacitación y programas relacionados. Una política que ofrezca capacitación en conceptos de ergonomía también puede ayudar a que los trabajadores identifiquen problemas potenciales y busquen soluciones eficaces.

Los programas de ejercicios en el lugar de trabajo son muy populares en la industria de la construcción. Si bien pueden formar parte de cualquier esfuerzo para prevenir trastornos de los músculos y articulaciones, los programas de ejercicios no deben sustituir otras soluciones. En ningún estudio se ha indicado que por sí solos pueden prevenir lesiones. Lo único que se ha observado en los estudios es que los ejercicios pueden tener un efecto a corto plazo en la reducción del dolor en la parte inferior de la espalda. Tampoco hay evidencias que apoyen el uso de la "educación sobre la mecánica del cuerpo"

como un método eficaz para prevenir el dolor y los trastornos graves de la espalda. Es más, NIOSH no recomienda el uso de cinturones para la espalda en la prevención de lesiones de la espalda.

La capacitación en las normas para levantar de NIOSH es de particular importancia. NIOSH recomienda que una persona levante como máximo 51 lb siempre y cuando lo haga siguiendo las siguientes "prácticas óptimas":

- Cuando levante o coloque una carga, no se estire hacia adelante más de 10 pulgadas.

- No tuerza el cuerpo.

- Para levantar cargas haga fuerza con las piernas y no con la espalda. Mantenga la espalda lo más recta posible.

- Levante la carga sosteniéndola fuertemente con las dos manos.

Cuando se levantan, sostienen o colocan materiales en los sitios de construcción no es posible siempre seguir estas "practicas óptimas." En esos casos se debe disminuir el límite de carga de 51 lb. Para obtener más información sobre el uso de las normas consulte "*Applications Manual for the Revised NIOSH Lifting Equation*" (1997). Esta información debe distribuirse entre los trabajadores que participen en programas de capacitación.

Bloque de concreto liviano

El problema

Un bloque de concreto normal (también conocido como *unidad de concreto para albañilería*, o CMU por sus siglas en inglés) puede pesar hasta 50 libras dependiendo del tamaño. Levantar y colocar estas unidades de concreto puede causar fatiga y tensionar la parte inferior de la espalda, las manos y los brazos de los albañiles y ayudantes de albañilería. Si realiza este tipo de labor con frecuencia, puede correr riesgo de sufrir lesiones graves en los músculos o las articulaciones.

El riesgo depende del número de unidades que manipule, lo pesadas que sean, con qué frecuencia lo hace, la altura a la que están almacenadas y la altura del sitio en el cual tiene que colocarlas. Usted corre más riesgo si tuerce su cuerpo al levantar o sostener las unidades de construcción para albañilería o si las levanta o sostiene con una sola mano.

Problema: Instalación de bloques de concreto estándar

Una solución

Utilice **bloques de concreto livianos**. Las unidades pesan entre 30 y 40% menos que los bloques normales pero mantienen su solidez y funcionalidad. Trabajar con bloques livianos puede mejorar su producción diaria y aún así disminuir el peso total que levanta. Un peso menor significa que se cansará menos y su espalda, sus manos y sus brazos estarán expuestos a menos tensión.

Solución: Tipos de bloques livianos

¿Cómo funciona?

En la fabricación de los bloques livianos el material agregado está compuesto de esquisto pizarroso, arcilla o pizarra. Estos materiales se dilatan en un horno rotatorio a temperaturas sobre los 1000° C.

El bloque es estructuralmente fuerte, estable y durable pero también es liviano y un buen aislante. La densidad del bloque es de solo 40 a 50 libras por pie cúbico. Un bloque común hecho de roca y arena tiene una densidad de 105 a 115 libras por pie cúbico. Los bloques livianos cumplen o exceden las especificaciones requeridas para los bloques comunes de concreto pesados establecidas por la *American Society for Testing and Materials* (ASTM, por sus siglas en inglés), en sus especificaciones estándar C 90 para las unidades de concreto para albañilería para estructuras de soporte.

Beneficios para el trabajador y el empleador

La instalación de estas unidades de concreto livianas reduce la fatiga del trabajador y disminuye la tensión en los músculos de la espalda y de los brazos. En una investigación se estudió la forma en que los bloques de concreto de pesos diferentes causan tensión muscular. Los albañiles construyeron dos paredes; una con unidades de concreto livianas y la otra con unidades de concreto de uso común. Cuando los trabajadores construyeron la pared con material liviano indicaron sentir menos tensión muscular en la espalda y los brazos. La diferencia fue más pronunciada al levantar los bloques para colocarlos en la parte superior de las paredes altas.

También se pueden presentar mejorías en la productividad. De acuerdo a la *National Concrete Masonry Association o NCMA*, "las unidades más livianas producen tasas más altas de productividad (siempre y cuando el resto de los factores se mantengan constantes)."

Costo aproximado

Los bloques livianos cuestan un poco más por unidad que los bloques estándar. Sin embargo, debido a que los albañiles y ayudantes de albañilería pueden trabajar más rápido y mejor debería presentarse una reducción en el costo de la mano de obra. Esto representa hasta un 80% del costo de la pared acabada, además los costos de envío y manejo también pueden disminuir.

Más información

- Los productos relacionados con esta solución se describen en *www.cpwr.com/simple.html*. También se pueden encontrar otros productos en Internet buscando los siguientes términos en inglés: *lightweight* "*concrete* (o) *masonry* (o) *block*."

- Los proveedores locales de herramientas y equipos para contratistas o compañías que alquilan equipos también pueden servir como fuente de información de este tipo de productos.

- Para obtener información general sobre esta solución consulte *www.cpwrconstructionsolutions.org* y *www.elcosh.org. The Expanded Shale, Clay, and Slate Institute* o ESCSI en Salt Lake City, UT también dispone de más información enwww.escsi.org.

Sistemas de entrega de premezclas de mortero y lechada

El problema

Cuando los obreros mezclan el mortero o la lechada en forma tradicional, tienen que levantar bolsas de cemento pesadas y echar con una pala la arena. Con frecuencia repiten este tipo de movimiento una y otra vez. Las bolsas de cemento llenas pesan cerca de 100 libras y algunos trabajadores pueden cargar más de 100 bolsas diariamente.

Los trabajadores corren riesgo de sufrir dolores de espalda y de hombros y hasta lesiones discapacitantes de los músculos o de las articulaciones. Las lesiones pueden ocurrir debido a un accidente en particular, pero generalmente aparecen con el paso del tiempo.

El riesgo de lesionarse por levantar o mover con pala el material depende del peso de la carga, la cantidad de cargas que levanta, por cuanto tiempo realiza el trabajo y dónde coloca las bolsas. El riesgo es significativamente alto si tiene que encorvarse y agacharse hacia una paleta baja para levantar las bolsas o extender las manos por encima de los hombros para arrojarlas. Este riesgo se incrementa aún más si tiene que torcer el cuerpo mientras las levanta.

Una solución

Use **premezclas de mortero y lechada** para realizar el trabajo. Estas mezclas pueden transportarse al granel hasta el sitio de trabajo por lo que no se necesita levantar bolsas o echar con pala la arena.

Las premezclas al granel de mortero y lechada se pueden usar en mezcladoras convencionales o con mezcladoras tipo silo de estilo europeo. Todos los materiales secos

Problema: Método tradicional para cargar la mezcladora

Solución: Carga de un sistema de silo

se manipulan mecánicamente ya sea con montacargas o camiones pluma con lo que se elimina el riesgo de lesiones causadas por el manejo manual de los materiales.

¿Cómo funciona?

Los ingredientes secos premezclados (que incluyen arena, pigmentos y aditivos) se transportan hasta el sitio en bolsas al granel que pesan entre 2,000 y 3,000 libras. Luego se trasladan en un montacargas o camión pluma hasta el silo en forma de embudo ubicado sobre una mezcladora de mortero convencional. La mezcla se echa en el silo halando un pasador en la bolsa. Para empezar a mezclar, el operador solamente tiene que halar la manija que abre la compuerta de descarga del silo. El material premezclado, ayudado por la fuerza de gravedad, pasa directamente a través del silo para llenar la mezcladora situada en la parte inferior. No se requiere electricidad y solo se necesita agregar agua para producir el mortero y la lechada.

Beneficios para el trabajador y el empleador

Los obreros corren menos riesgo de sufrir lesiones discapacitantes ocasionadas por levantar materiales constantemente en forma manual. La productividad también aumenta porque se eliminan actividades que ocupan mucho tiempo como la manipulación manual de las bolsas y la arena. Un trabajador puede manejar dos o tres mezcladoras.

Con los sistemas de silo se evita que se rompan las bolsas o se riegue el material. El producto es más consistente porque viene premezclado. El congelamiento de la arena en el invierno no constituye un problema. Los dispensadores de silo pueden ahorrar espacio en sitios de trabajo congestionados y reducir el robo de material. La mayoría de los sistemas de silo se pueden transportar de un lugar a otro en el sitio de trabajo. No hay problema para deshacerse de las bolsas que traen el material ya que el proveedor se las lleva y las vuelve a usar o las recicla.

Estos sistemas no eliminan el riesgo de exposición a la sílice en el polvo; sin embargo, para reducir la liberación de polvo que contiene sílice se pueden usar cortinas protectoras. Se deben tener en cuenta los procedimientos específicos de seguridad mientras se carga el silo, se sube la escalera del silo y se transporta el sistema.

Costo aproximado

Los contratistas calculan que el uso de estos sistemas aumenta el costo del mortero entre un 7 y 8%. Sin embargo, este costo adicional puede compensarse con las mejoras en la eficiencia y las ganancias en productividad. Los sistemas de mortero premezclados pueden no ser una alternativa económica en ciertos trabajos pequeños. De todas maneras el proveedor podría ayudarle a determinar si este producto es adecuado para su tipo de trabajo.

Más información

- Los productos relacionados con esta solución se describen en *www.cpwr.com/simple.html*. También se pueden encontrar otros productos en Internet buscando los siguientes términos en inglés: (silo o *bulk*) "*delivery systems*."

- Los proveedores locales de herramientas y equipos para contratistas o compañías que alquilan equipos también pueden servir como fuente de información de este tipo de productos.

- Para obtener información general sobre esta solución consulte *www.cpwrconstructionsolutions.org* y *www.elcosh.org*.

Bases para deslizar mangueras para concreto

El problema

Las mangueras para concreto cargadas son pesadas y se requiere de mucha fuerza para halarlas. Los conectores de la manguera se pueden atascar en las varillas de acero. Los trabajadores algunas veces deben agacharse para levantar la manguera y liberarla.

Halar, levantar y mover secciones de la manguera puede obligarlo a tomar posiciones forzadas y ejercer tensión en la parte inferior de la espalda y las rodillas. Si tiene que sacudir o torcer el cuerpo mientras realiza esta actividad aumentará aún más la tensión en la espalda. Trabajar con las mangueras para concreto, especialmente por largos períodos, puede causar fatiga, dolor de espalda y hasta lesiones graves en los músculos o las articulaciones.

Una solución

Las **bases para deslizar** (también conocidas como "discos para posicionamiento de mangueras") pueden utilizarse en ocasiones en que no se pueden usar las bombas pluma para concreto u otros equipos para transporte de concreto. Estas bases son discos cóncavos de metal de dos pies de diámetro que se colocan debajo de las abrazaderas de la manguera. Tienen una canastilla para sostener la manguera y manijas para transportarla. Disminuyen la fricción con la estructura de varillas y facilitan los movimientos para halar la manguera. También evitan que los conectores de la manguera se enreden en las varillas.

¿Cómo funciona?

Los trabajadores generalmente mueven las mangueras llenas de concreto por la

Problema: Halar y deslizar mangueras para concreto sin bases

Solución: Halar la manguera con una base y gacho para deslizar

Bases para deslizar

estructura de varillas de acero con cuerdas amarradas a la manguera o varillas metálicas largas con ganchos.

Las bases de posicionamiento se deslizan más fácilmente por la estructura de varillas de acero con lo que se reduce la fricción y la manguera se puede halar más fácilmente. Además, las abrazaderas de la manguera no se atascan en la estructura de varillas de acero. Esto disminuye la necesidad de sacudir la manguera o de doblarse para desenredarla.

Se deben colocar entre cuatro y seis bases cerca del extremo de la manguera por el que sale el concreto. Son más eficaces si la manguera está asegurada a cada placa. La manguera se puede asegurar a la placa con alambre para atar varillas o con cordones de goma elásticos que se pueden quitar rápidamente si es necesario. Si no se aseguran las bases los trabajadores tendrán que doblarse más, mantener posiciones más forzadas y sufrirán de más tensión en la espalda.

Beneficios para el trabajador y el empleador

Por lo menos un estudio ha indicado que usar bases deslizantes aseguradas a la manguera puede reducir la tensión en la parte inferior de la espalda y evitar así la posibilidad de sufrir lesiones graves.

El uso de las bases deslizantes aseguradas a la manguera no implica una pérdida de productividad, ya que toma solo un momento colocarlas debajo de las mangueras y asegurarlas. Es más, si los trabajadores se sienten menos fatigados al no tener que halar las mangueras pesadas, se podría en realidad incrementar la productividad.

Hay unas cuantas desventajas. Por ejemplo, todavía existe la posibilidad de que las bases para deslizar se atasquen en los soportes montantes tipo Nelson (varillas de acero de 4 pulgadas de largo que se sueldan al contrapiso para reforzar el concreto). Las bases para deslizar reducen, pero no quitan del todo, la tensión física producida al halar la manguera. Las bases solo se deben usar cuando la manguera cargada no se pueda mover con un camión pluma, grúa o equipo motorizado para trasladar concreto.

Costo aproximado

Los precios por placa están entre $200 y $300.

Más información

- Los productos relacionados con esta solución se describen en *www.cpwr.com/simple.html*. También se pueden encontrar otros productos en Internet buscando los siguientes términos en inglés: "*concrete*" + "*hose placing disc.*"

- Los proveedores locales de herramientas y equipos para contratistas o compañías que alquilan equipos también pueden servir como fuente de información de este tipo de productos.

- Para obtener información general sobre esta solución consulte *www.cpwrconstructionsolutions.org* y *www.elcosh.org*.

Sistemas de elevación por vacío para ventanas y láminas

El problema

La instalación manual de ventanas grandes y láminas requiere que los trabajadores muevan objetos pesados y de gran tamaño. Puede ser necesario levantarlas y cargarlas ciertas distancias hasta el sitio de la instalación. Durante la instalación tendrá que usar mucha fuerza para sostenerlas mientras las coloca y asegura.

Este tipo de trabajo tensiona la espalda y los hombros y puede causar lesiones graves en los músculos y las articulaciones. Las lesiones pueden ser aún más graves si se tiene que trabajar en posiciones forzadas o sostener materiales por largos períodos de tiempo. La instalación manual de ventanas y láminas también puede causar lesiones en las manos.

Una solución

Use **sistemas de elevación por vacío** para la instalación de ventanas y de otras láminas. Los sistemas de elevación por vacío eliminan la necesidad de levantar y colocar manualmente los materiales pesados y que tienen forma extraña o irregular.

El sistema de elevación por vacío se puede colocar en un montacargas o en una pequeña grúa equilibrada construida en el taller. También se puede colocar en una grúa grande para trabajos exteriores.

¿Cómo funciona?

Se encuentran disponibles sistemas de elevación por vacío motorizados y mecánicos con capacidades de carga de 375 a 1400 libras. Los sistemas mecánicos de "ventosas manuales" levantan y trasportan

Problema: En la instalación de ventanas con ventosas manuales aún se tienen que realizar movimientos para levantar

Solución: Uso de un sistema de elevación por vacío motorizado

las cargas mediante ventosas de tipo bomba que se operan manualmente y vienen colocadas en una estructura diseñada especialmente para esta función. Algunas estructuras permiten que las cargas se roten y se inclinen. En algunos casos, las ventosas se pueden remover de la estructura y se pueden usar individualmente para levantar y cargar.

Aunque algunos contratistas usan sistemas manuales, el sistema más usado es un elevador motorizado con ventosas que tiene una bomba por vacío inalámbrica de 12 voltios. Los sistemas de elevación por vacío con articulación de gancho motorizados son un poco más caros pero ofrecen la posibilidad de rotación e inclinación del material.

Beneficios para el trabajador y el empleador

Las estructuras de ventanas grandes y otros paneles pueden instalarse sin la tensión física usual que ocurre al levantar, cargar, sostener y colocar objetos pesados. El uso de los sistemas de elevación ayudará a reducir la posibilidad de que el trabajador sufra una lesión de los músculos o articulaciones.

Un sistema de elevación por vacío también evita que se pinchen los dedos y brazos cuando se está colocando la ventana o el panel.

Debe haber aumento en la productividad ya que los trabajadores estarán menos fatigados y por tanto podrán instalar más ventanas y paneles. También es posible que se dañen menos las ventanas y otros materiales.

Costo aproximado

Las estructuras operadas con ventosas manuales que ofrecen capacidad de rotación e inclinación cuestan cerca de $1,200 y las cuatro ventosas por vacío estilo bomba de 9 pulgadas para usar con estos sistemas tienen un precio de $300 aproximadamente.

Un sistema de elevación básico de cuatro ventosas con corriente continua (DC) tiene un valor aproximado de $2,500. Los sistemas de elevación por vacío con articulación de gancho vienen en varias opciones y configuraciones y cuestan entre $3,000 y $7,000.

Más información

- Los productos relacionados con esta solución se describen en *www.cpwr.com/simple.html*. También se pueden encontrar otros productos en Internet buscando los siguientes términos en inglés: *"vacuum lifters."*

- Los proveedores locales de herramientas y equipos para contratistas o compañías que alquilan equipos también pueden servir como fuente de información de este tipo de productos.

- Para obtener información general sobre esta solución consulte *www.cpwrconstructionsolutions.org* y *www.elcosh.org*.

SOLUCIONES SIMPLES para trabajos con actividades manuales intensas

El problema

Los trabajadores de la construcción generalmente pasan mucho tiempo agarrando las herramientas o materiales con una o ambas manos. Este tipo de trabajo puede tensionar las manos, las muñecas o los codos produciendo molestias y dolor. Con el tiempo usted puede sufrir lesiones graves en los músculos o en las articulaciones. Su capacidad para usar las manos y muñecas podrá disminuir y además podría quedar permanentemente discapacitado.

Usted corre riesgo de sufrir lesiones si frecuentemente agarra con fuerza las herramientas, dobla la muñeca cuando las está utilizando o mueve rápidamente la muñeca o en forma repetitiva. También se pueden presentar lesiones si usted usa con frecuencia herramientas que producen vibraciones o si las manijas duras o afiladas de las herramientas a menudo le presionan las manos, las muñecas o los brazos.

Agarrar herramientas y otros materiales puede requerir mucho esfuerzo físico y repetitivo. Se pueden lesionar los músculos, tendones y cartílagos de las manos, las muñecas y los codos, y también pueden afectarse los nervios y los vasos sanguíneos.

Si usted empieza a sentir dolores y continua trabajando sin permitir que los músculos y tendones descansen y sanen, el dolor empeorará y con el tiempo podría sufrir un trastorno grave.

Lesiones y trastornos

A continuación describimos algunas de las lesiones que puede sufrir si realiza trabajos manuales intensos.

Tendinitis. La mayoría de los músculos que mueven las manos y dedos se encuentran en el antebrazo. Estos músculos están conectados a las manos y los dedos mediante los tendones, que son como cordones que van a lo largo de la muñeca.

Los tendones de la muñeca se pueden distender si frecuentemente hace mucha fuerza con las manos, dobla la muñeca mientras trabaja o repite los mismos movimientos con la muñeca una y otra vez. Si esta tensión continúa por un tiempo, usted puede sufrir de tendinitis. La tendinitis dificulta el uso de la mano debido al dolor, en particular cuando agarra objetos.

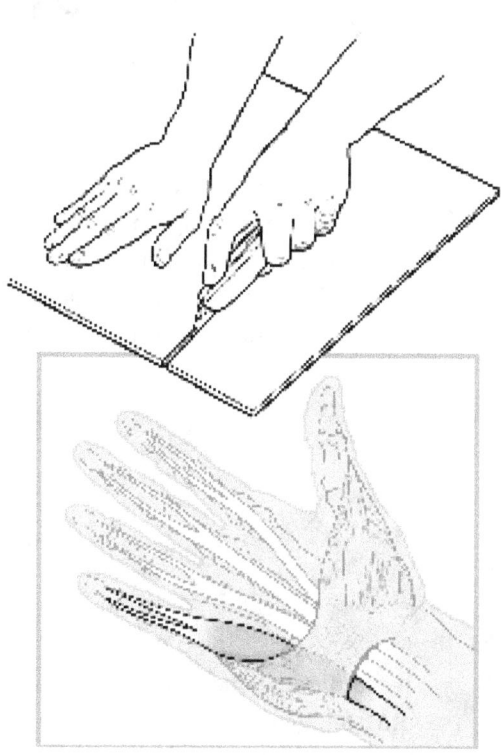

Síndrome del túnel carpiano. El túnel carpiano es un área de la muñeca que está rodeada de hueso y tejidos. A través del túnel pasan un nervio y varios tendones. Si usted tiene tendinitis y se hinchan los tendones, no queda espacio en el túnel para el nervio. Cuando el nervio se comprime de esta forma ocurre la afección denominada síndrome del túnel carpiano. A menudo esto causa dolor, hormigueo y entumecimiento en la mano, muñeca o brazo. Estos síntomas suelen sentirse por la noche.

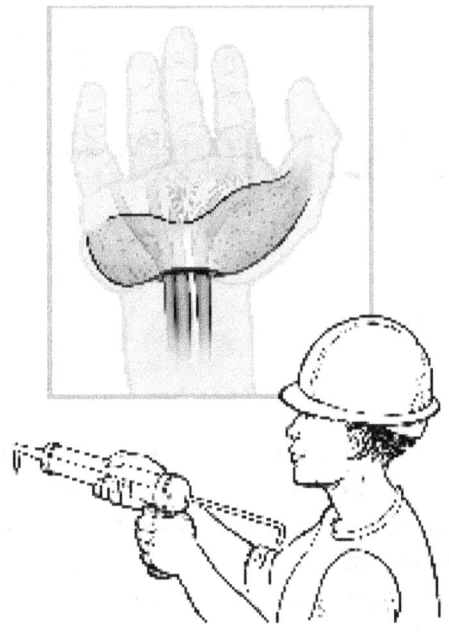

Si no recibe tratamiento para el síndrome del túnel carpiano, se le puede debilitar la mano y se le dificultará agarrar objetos o hasta usar la mano del todo.

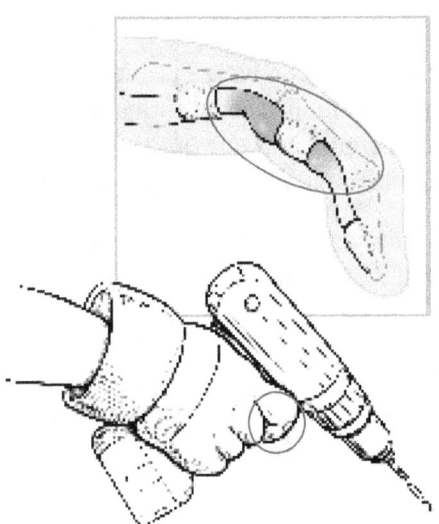

Dedo en resorte. La presión repetitiva en un dedo (como cuando se aprieta el gatillo de una herramienta eléctrica o motorizada) puede causar tensión tanto en el tendón que corre por ese dedo como en el que lo cubre, lo cual puede ocasionar molestias y dolor.

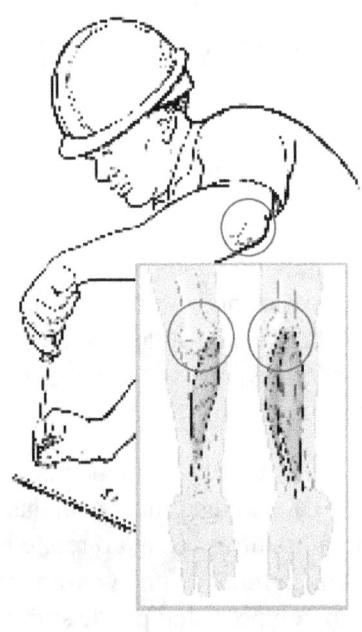

Epicondilitis. Los movimientos en que los codos se tuercen con mucha fuerza pueden causar tensión en los tendones del codo, produciendo molestias y dolor. Esta afección se denomina epicondilitis, también conocida como codo de tenista.

Síndrome de vibración en manos y brazos (HAVS, por sus siglas en inglés). El trabajo con herramientas que producen vibraciones, como pistolas de pernos, cinceladores y martillos de perforación puede causar pérdida del color, hormigueo y entumecimiento en los dedos. Es posible que se presente gangrena en los casos más graves.

Algunas soluciones

Las labores manuales intensas no pueden ser eliminadas de las actividades de la construcción, pero es posible cambiar la forma en que se realizan de tal manera que el cuerpo las pueda ejecutar más fácilmente. Hay soluciones que pueden reducir el nivel de tensión en las manos, las muñecas y los brazos. También pueden disminuir la frecuencia y duración en que su cuerpo está sometido a la tensión. Muchas de las soluciones también pueden eliminar otros riesgos de seguridad potenciales e incrementar la productividad.

El tipo de actividad y las condiciones del lugar de trabajo determinarán la mejor solución para su actividad. En las hojas informativas #14–20 se indican algunas posibles soluciones para problemas relacionados con actividades manuales intensas específicas.

Algunas soluciones generales para realizar actividades manuales intensas con menos riesgo de lesiones son:

Cambio de materiales o procesos de trabajo. Una de las soluciones más eficaces puede ser el uso de materiales, componentes para la construcción o métodos de trabajo que requieran menos esfuerzo físico del trabajador. Por ejemplo, use tuercas de seguridad o tuercas de botón en todos los sistemas de roscado para reducir los movimientos que requieren torcer y doblar brazos y manos. Generalmente un trabajador o un subcontratista de la construcción no puede tomar una decisión de este tipo. Ciertos cambios pueden requerir de la aprobación del dueño de la obra, arquitecto, ingeniero o contratista general.

Cambio de herramientas o equipo. Si el trabajo requiere de frecuentes actividades manuales intensas, a menudo se puede sustituir la herramienta manual por una motorizada. Con esto se reducirá la cantidad de fuerza manual necesaria y el número de movimientos repetitivos, especialmente en los que se tuercen las manos. Además podrá realizar su trabajo con menos esfuerzo.

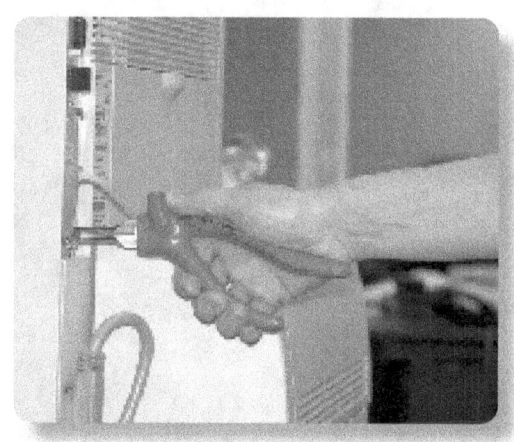

Los mangos curvos pueden ayudar a mantener la muñeca en posición recta

También puede usar herramientas que han sido mejoradas ergonómicamente. Seleccione herramientas que traigan mangos con agarre de fuerza o añada uno a sus herramientas actuales. Se puede enrollar espuma compresible alrededor del mango delgado de una herramienta y con esto mejorar su agarre. Algunas herramientas motorizadas tienen un gatillo más grande que puede ser operado con varios dedos para que no se tensione constantemente un solo dedo. También busque herramientas motorizadas que cumplan los estrictos requerimientos europeos de vibración en brazos y manos.

Change work rules and provide training. Contractors can encourage the use of equipment like ergonomic tools. Site rules can limit the amount of time that workers do hand-intensive jobs without a break. A policy of providing ergonomics training may help workers more quickly identify potential problems and find effective solutions.

Escoja la herramienta adecuada para el trabajo. Por ejemplo, se consiguen tijeras para metales y otras herramientas con opciones de mangos curvos que ayudan a mantener la muñeca en posición recta en ciertos tipos de trabajos. Además, nunca utilice sus manos para martillar o golpear ningún objeto.

En algunos casos el costo y las condiciones del lugar de trabajo pueden restringir el uso de herramientas que han sido mejoradas ergonómicamente.

Cambie las reglas de trabajo y ofrezca capacitación. Los contratistas pueden fomentar el uso de equipos como las herramientas ergonómicas. Se pueden establecer reglas con límites de tiempo y descansos para las actividades manuales intensas. Una política que ofrezca capacitación en conceptos de ergonomía también puede ayudar a que los trabajadores identifiquen problemas potenciales y busquen soluciones eficaces.

Herramientas manuales ergonómicas

El problema

El uso de las herramientas manuales convencionales una y otra vez puede ocasionar tensión muscular y hasta lesiones graves, como el síndrome del túnel carpiano o la tendinitis. Usar la herramienta equivocada, o en forma incorrecta, puede causar tensión en las manos, las muñecas, los antebrazos, los hombros y el cuello.

Una solución

Use una herramienta "ergonómica" adecuada al tipo de trabajo. Se encuentran disponibles muchas herramientas nuevas que pueden prevenir lesiones de los músculos y las articulaciones. Sin embargo, algunas de las nuevas herramientas que se promocionan como "ergonómicas" no han sido diseñadas con cuidado.

Una herramienta se considera "ergonómica" cuando es adecuada para realizar una labor determinada, ofrece un buen agarre, se usa con menos esfuerzo, no requiere que se trabaje en posiciones forzadas, no presiona la piel de los dedos o las manos, es cómoda y eficaz. Recuerde que una herramienta diseñada para realizar una tarea específica puede tensionar más la mano o muñeca si se usa para otro tipo de actividad. Por ejemplo, los alicates de boca larga trabajan muy bien para plegar alambre eléctrico pero no deben usarse para torcerlo.

¿Cómo funciona?

A continuación damos algunos consejos para seleccionar una herramienta manual ergonómica.

Mango. El mango debe ser antideslizante, recubierto de un material suave y no tener

Evite usar herramientas que tengan espacios delimitados para los dedos

Herramienta de agarre suave y mango con resorte

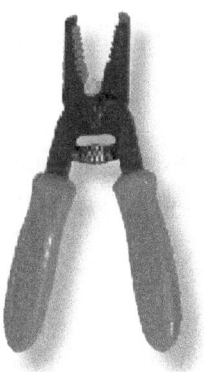

Las herramientas con mangos curvos pueden ayudar a mantener rectas las muñecas

bordes puntiagudos. Usted puede añadir un recubrimiento suave al mango de tal manera que obtenga un agarre mejor y más cómodo. Sin embargo, asegúrese de que el recubrimiento no aumenta el diámetro del mango por más de dos pulgadas, ya que esto lo hará más difícil de agarrar.

Asegúrese de que el recubrimiento no se resbale del mango. Si su actividad requiere de mucha fuerza, escoja una herramienta que tenga un mango más largo que la parte más ancha de su mano. El extremo del mango no debe presionar continuamente la palma de la mano. Evite las herramientas que tengan espacios delimitados para los dedos en el mango. Si los espacios no son adecuados para su mano pueden presionar más los dedos y ocasionar lesiones en los tendones de los dedos.

Posición de la muñeca. Escoja herramientas que mantengan la muñeca recta mientras las usa. Una herramienta con mango curvo puede ser más adecuada si necesita ejercer fuerza en forma horizontal (es decir en la misma dirección de su antebrazo y muñeca rectos). Una herramienta con mango recto funciona mejor si se necesita hacer fuerza hacia arriba o hacia abajo.

Diámetro del mango. Si la actividad requiere de mucha fuerza, los mangos de las herramientas de mango sencillo deben tener un diámetro entre 1–1/4 y 2 pulgadas. Si la actividad requiere de menos fuerza y necesita precisión, el diámetro del mango debe ser entre 1/4 y 1/2 pulgada.

En las herramientas de mango doble, la abertura de agarre en tareas que requieren de mucha fuerza, debe ser de por lo menos 2 pulgadas pero no más de 3–1/2 pulgadas cuando están en posición abierta. En las actividades que requieren de poca fuerza pero necesitan precisión, la abertura de agarre debe ser de por lo menos 1 pulgada cuando están cerradas pero no más de 3 pulgadas cuando están abiertas.

Herramientas para prensar, agarrar o cortar. Escoja una herramienta que tenga un mango con resorte que se devuelva automáticamente a la posición abierta. Si se necesita ejercer mucha fuerza continuamente considere el uso de abrazaderas, sujetadores o alicates de fijación.

Beneficios para el trabajador y el empleador

Si usted escoge una herramienta adecuada para la tarea, reducirá el riesgo de sufrir una lesión. También puede terminar el trabajo más rápido y mejorar la calidad.

Costo aproximado

En la actualidad, muchos fabricantes de herramientas producen herramientas manuales que han sido mejoradas ergonómicamente. A menudo no son más caras que las herramientas no ergonómicas.

Más información

- Los productos relacionados con esta solución se describen en *www.cpwr.com/simple.html*. También se pueden encontrar otros productos en Internet buscando los siguientes términos en inglés: (tipo de herramienta) + "*ergonomically designed.*"

- Los proveedores locales de herramientas y equipos para contratistas o compañías que alquilan equipos también pueden servir como fuente de información de este tipo de productos.

- Para obtener información general sobre esta solución consulte *www.cpwrconstructionsolutions.org* y *www.elcosh.org*. Y también se encuentra buena información en:

  www.thomasnet.com (en la casilla de búsqueda escriba "*tools: ergonomically designed*")

  vendorweb.humantech.com/browse.asp

  www.advancedergonomics.com/product/tools.htm

Guante para sostener fácilmente bandejas con compuesto para juntas

El problema

Una bandeja llena de compuesto para juntas puede pesar más de cinco libras. El agarrar continuamente la bandeja puede tensionar mucho la mano, la muñeca y el antebrazo. Si la bandeja con compuesto para juntas es muy ancha para su mano, tendrá que apretar los lados para sostenerla, lo que aumenta la tensión en los músculos del antebrazo.

La superficie lisa de los lados y la parte inferior de la bandeja dificultan agarrarla sin guantes. Debido al peso, tamaño y textura de la superficie de la bandeja usted debe hacer mucha fuerza para sostenerla.

Todos estos tipos de tensión pueden cansar las manos, las muñecas y el antebrazo. Si usted trabaja con paneles de yeso (*drywall* o tabla roca) a menudo y por períodos largos, la tensión puede causar lesiones graves.

Una solución

Use un **guante de agarre fácil** pegado a la bandeja de compuesto para juntas, que usted mismo puede hacer. El guante reduce la fuerza necesaria de la mano para sostener la bandeja. Con el guante solo necesita equilibrar la bandeja.

¿Cómo funciona?

El guante se atornilla a la bandeja con una montura giratoria. Se suelda un perno en la parte inferior de la bandeja que se ajusta con una tuerca dentro del guante para mantenerlo en su lugar. Nunca más tendrá que apretar la bandeja para sostenerla. Gracias a la montura giratoria usted puede girar la bandeja en su mano según lo

Problema: Tener bandeja sin guante

Solución: Tener bandeja con guante

Ensambladura del guante

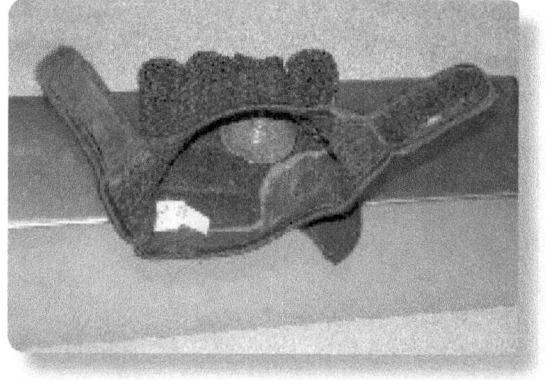

Soluciones Simples

Actividades Manuales Intensas

necesite. El guante se ajusta bien a la mano y se estabiliza con correas de Velcro®. El guante distribuye el peso de la bandeja por toda la mano. Solo necesita abrir la mano para equilibrar la bandeja. La bandeja gira fácilmente.

Beneficios para el trabajador y el empleador

Los trabajadores encargados del acabado de paneles de yeso (conocidos también como "teiperos") que usaron el guante de agarre fácil indicaron que era excelente para las tareas de recubrimiento con compuesto para juntas que ocupan bastante tiempo. También dijeron que ayudó a disminuir la fatiga y el dolor prolongados. Algunos investigadores indicaron que el uso del guante redujo en un 25% la fuerza de agarre necesaria para sostener la bandeja.

Hay ciertas desventajas. Los trabajadores encargados del acabado indicaron que toma tiempo ponerse y quitarse el guante y que otras tareas, como colocar la cinta, no se pueden realizar mientras se usa el guante.

Costo aproximado

Si usted fabrica su propio guante de agarre fácil (consulte la sección siguiente), el costo del material es bajo. Para empezar, consiga un guante para bicicleta sin dedos que tenga un precio entre $5 y $20.

Para fabricar su propio guante: Use un guante de palma rígida de buen ajuste como los guantes de bicicleta sin dedos. Asegúrese de que el guante no está tan ajustado que impida la circulación de sangre en la mano. Sin embargo, si el guante le queda muy flojo, acabará apretando aún más la bandeja de compuesto para juntas. Un guante sin dedos le permite mover sus dedos más fácilmente. Sin embargo, también dificulta un poco más quitarse el guante debido a que los huecos para los dedos se pueden enredar en sus nudillos.

Instale un tornillo pequeño en el fondo de la bandeja de compuesto para juntas. Puede soldar el tornillo o "pegarlo" con un adhesivo para superficies metálicas. Enrosque una arandela grande (hasta de dos pulgadas) en el tornillo. Perfore la palma del guante con el tornillo. En la parte interior del guante, coloque otra arandela grande sobre el tornillo que sobresale. Enrosque una tuerca de seguridad sobre la parte del tornillo que está en el interior del guante. Corte la parte del tornillo que sobresale de la tuerca y lije el tornillo para suavizarlo. Si el tornillo sigue presionando la palma de la mano en el interior del guante, cúbralo con cinta adhesiva plateada u otro material.

Más información

- Los productos relacionados con esta solución se describen en *www.cpwr.com/simple.html*.

- Los proveedores locales de herramientas y equipos para contratistas o compañías que alquilan equipos también pueden servir como fuente de información de este tipo de productos.

- Para obtener información general sobre esta solución consulte *www.cpwrconstructionsolutions.org* y *www.elcosh.org*.

Pistolas de calafateo con motor

El problema

El uso de pistolas manuales de calafateo requiere de mucha fuerza manual para apretar el gatillo. Si usted usa este tipo de pistolas con frecuencia y por períodos largos, corre el riesgo de tensionar los tejidos blandos de las manos, las muñecas y los antebrazos. Esto puede causar lesiones graves en los músculos y las articulaciones.

Mientras más presión se requiera para apretar el gatillo (poca ventaja mecánica), más posibilidades tiene de sufrir una lesión. Si aplica material sellante más espeso puede necesitar más fuerza. También se incrementa el riesgo de sufrir una lesión si dobla la muñeca o tuerce el antebrazo cuando aprieta el gatillo.

Las posibilidades de sufrir una lesión aumentan si la pistola que usa tiene bordes puntiagudos o hendiduras en el gatillo o si existe bastante espacio entre el gatillo y el mango, lo cual obliga a estirar la mano.

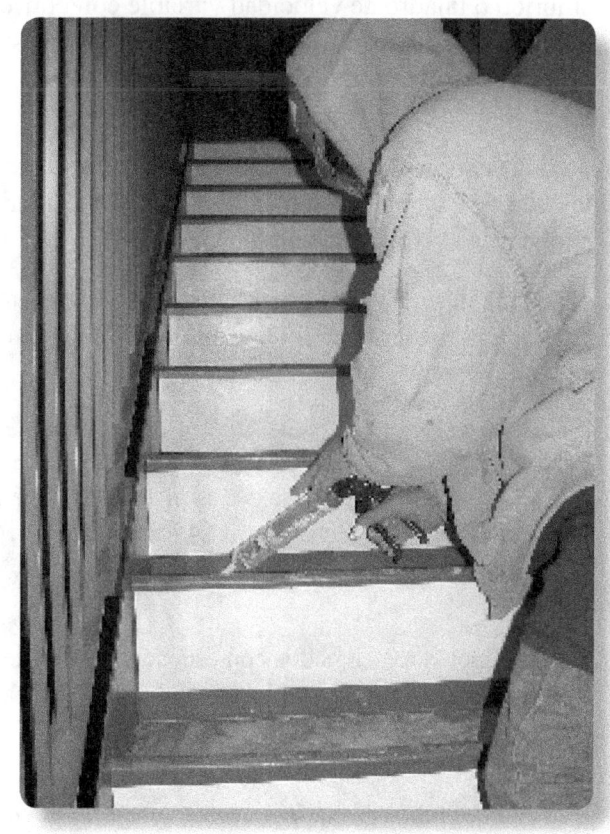

Problema: Pistola de calafateo manual

Una solución

Use una **pistola de calafatear motorizada.** Estas pistolas se pueden operar con pilas o pueden ser neumáticas (con mecanismo de aire comprimido). Si usa una pistola de calafateo con motor no necesita apretar el gatillo para aplicar la masilla o sellador. Con esto se reducirá la tensión en los dedos, manos y antebrazos.

¿Cómo funciona?

Las pistolas a pilas (pistolas inalámbricas) y las de aire comprimido (pistolas neumáticas) tienen la fuerza necesaria para expulsar la masilla. Algunas pistolas vienen con un control de velocidad variable para graduar el

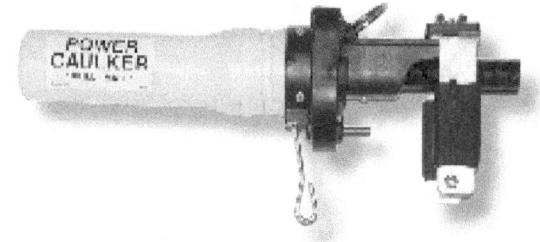

Solución: Adaptador de calafateo para taladro

flujo del sellador. Se necesita una fuente de energía. Puede ser un enchufe eléctrico o un generador para cargar las pilas de una pistola inalámbrica, o un compresor de aire para cargar una pistola neumática. Si se usa una pistola neumática, el cable puede causar cierta resistencia ("arrastre") en la herramienta, y posiblemente incremente la fuerza de agarre necesaria.

Se encuentran disponibles pistolas inalámbricas de calafateo para masilla envasada en tubos individuales, tubos continuos (en inglés tipo "*sausage*") y al granel. Una pistola inalámbrica de 12 voltios o más producirá una fuerza de empuje de más de 600 lb. Las pistolas neumáticas se pueden usar con masilla en tubos continuos o al granel.

Otro equipo disponible es un adaptador para calafatear masilla que se puede usar con un taladro inalámbrico o taladro de velocidad variable con corriente alterna (AC). Se consiguen adaptadores para cartuchos de masilla para calafatear de 10 y 30 onzas.

Beneficios para el trabajador y el empleador

El uso de las pistolas de calafateo con motor debe producir menos fatiga, malestar y lesiones en los tejidos blandos. Aunque son más pesadas que las manuales no requieren de tanta fuerza en las manos para aplicar la masilla para calafatear.

Una pequeña desventaja es que las pistolas de calafateo neumáticas están conectadas al compresor de aire con una manguera que se debe mover con la pistola.

Costo aproximado

Las pistolas de calafateo inalámbricas con pilas de 12 voltios y cargador cuestan entre $200 y $300, de acuerdo al tamaño. Los precios de las pistolas neumáticas empiezan en los $20 y los adaptadores para taladros inalámbricos cuestan entre $45 y $50.

Más información

- Los productos relacionados con esta solución se describen en *www.cpwr.com/simple.html*. También se pueden encontrar otros productos en Internet buscando los siguientes términos en inglés:

    Cordless Caulking Gun: "cordless caulk (o caulking) gun"

    Pneumatic Caulking Guns: "pneumatic caulk (o caulking) gun"

    Caulk-Dispensing Attachments for Drills: "power caulker drill attachment"

- Los proveedores locales de herramientas y equipos para contratistas o compañías que alquilan equipos también pueden servir como fuente de información de este tipo de productos.

- Para obtener información general sobre esta solución consulte *www.cpwrconstructionsolutions.org* y *www.elcosh.org*.

Herramientas con motor de poca vibración

El problema

Algunas herramientas con motor que se agarran con las manos, entre las que se encuentran las motosierras y los taladros de impacto, pueden producir mucha vibración. En algunos casos los niveles de vibración que generan son tan altos que pueden afectar los vasos sanguíneos y los nervios de las manos.

El problema generalmente empieza con entumecimiento y hormigueo en las manos. Después de la exposición a las vibraciones por cierto tiempo, las puntas de los dedos pueden perder su color o tornarse blancas, especialmente cuando se enfrían. Además se puede perder fuerza para agarrar objetos. En casos extremos se puede presentar gangrena. Este tipo de lesión en ocasiones se conoce como "dedo blanco" o "síndrome de vibración en las manos y los brazos" (HAVS, por sus siglas en inglés).

Usted tiene un riesgo mayor de sufrir lesiones relacionadas con las vibraciones si usa con frecuencia o por largos períodos herramientas con motor que producen vibraciones. Estas lesiones se pueden prevenir, pero una vez que se presentan ya no tienen cura.

Problema: Algunos compactadores de suelos pueden producir altos niveles de vibración

Solución: Use herramientas con menos vibración y guantes antivibraciones como estos guantes con cámara de aire

Una solución

Use **herramientas con motor de poca vibración.** En el mercado se encuentran disponibles muchas herramientas diseñadas para producir menos vibración. Estos equipos siempre deben usarse con guantes antivibraciones que tengan los cinco dedos y que cumplan con los estándares de vibración (ISO 10819) establecidos por la Organización Mundial de Normalización (ISO, por sus siglas en inglés).

Los guantes que no tienen la certificación de la ISO puede que no reduzcan en forma adecuada las vibraciones, aun cuando se usen con herramientas diseñadas para producir menos vibraciones.

Siempre que use cualquier herramienta que vibre mantenga las manos tibias y no la apriete con tanta fuerza. El agarrar los objetos con menos fuerza reduce la exposición a las vibraciones.

¿Cómo funciona?

Muchos fabricantes tienen disponibles herramientas que producen menos vibraciones. Aunque en los Estados Unidos no hay regulaciones que limiten la exposición a las vibraciones, en Europa sí están establecidos ciertos límites y hay compañías que producen herramientas para ambos mercados. Los límites establecidos en Europa han sido adoptados por el Instituto de Normas Nacionales de los Estados Unidos (ANSI, por sus siglas en inglés) como los límites recomendados de exposición (S2.70–2006).

El posible daño causado por trabajar con una herramienta que produce vibraciones tiene relación con el *nivel* de vibración y la *cantidad de tiempo* que se usa la herramienta. Mientras más alto sea el nivel de vibración menor será el tiempo en que se puede usar la herramienta en forma segura. En el 2002, la Unión Europea estableció un límite ISO en la frecuencia ponderada de la exposición a las vibraciones de 5 metros por segundo por segundo (m/s^2) en un período de 8 horas. Por ejemplo, el uso de herramientas con altos niveles de vibración ($10 \ m/s^2$) estaría limitado a períodos cortos (2 horas al día). Para obtener información sobre las normas europeas consulte "Directiva 2002/44/EC" en cualquier motor de búsqueda en Internet.

El *National Institute for Working Life* de Suecia publicó en Internet una lista de cientos de herramientas con motor y sus niveles de vibración (consulte *http://vibration.niwl.se/eng*). Las mediciones de las vibraciones son aproximadas y no absolutas. Dependerán de la forma en que se midió la vibración, la forma en que se utiliza la herramienta y el estado de la herramienta. También revise el manual del usuario para obtener información sobre las vibraciones.

Si usted conoce el nivel de vibración de la herramienta podrá determinar por cuánto tiempo la puede usar en forma segura. (Esto se conoce en inglés como "*trigger time*" o tiempo que se mantiene apretado el gatillo.) En Internet se consiguen en inglés varias calculadoras de exposición a las vibraciones. Si usted escribe el nivel de vibración de la herramienta (en m/s^2) la calculadora le indicará el tiempo que se mantiene apretado el gatillo. Estas calculadoras de exposición a las vibraciones también se pueden usar para determinar si la herramienta produce muchas vibraciones. Las calculadoras se consiguen en Internet con la búsqueda de estos términos: "*vibration exposure calculator*."

Beneficios para el trabajador y el empleador

Las herramientas con motor de menor vibración permiten que los trabajadores las usen por más tiempo y con menos riesgo de sufrir lesiones. En los lugares en que el empleador ha establecido límites de tiempo en que se mantiene apretado el gatillo, el uso de herramientas con motores de poca vibración también puede incrementar la productividad. Usar solamente guantes antivibraciones puede que no elimine la exposición a las vibraciones nocivas.

Costo aproximado

Las herramientas con motor de poca vibración se pueden comprar o alquilar. Contacte al fabricante de las herramientas o su representante de ventas para obtener información de precios. Los guantes antivibraciones generalmente cuestan entre $40 y $50.

Más información

- Los productos relacionados con esta solución se describen en *www.cpwr.com/simple.html*. También se pueden encontrar otros productos en Internet buscando los siguientes términos en inglés: "*low vibration tools*."

- Los proveedores locales de herramientas y equipos para contratistas o compañías que alquilan equipos también pueden servir como fuente de información de este tipo de productos.

- Para obtener información general sobre esta solución consulte *www.cpwrconstructionsolutions.org* y *www. elcosh.org*. También se consigue más información, así como calculadoras de exposición a las vibraciones en el sitio web del *Canadian Center for Occupational Health and Safety* o CCOHS *www.ccohs.ca*.

Cepillo motorizado para limpieza y escariación

El problema

El uso frecuente de cepillos de alambre para limpiar o escarear tuberías, rejillas u otros materiales de construcción puede tensionar manos, muñecas, antebrazos y codos. El uso del cepillo en particular puede ser una actividad liviana, pero es necesario doblar la muñeca y realizar movimientos para halar, empujar y rotar rápidamente. Si realiza este tipo de labor con frecuencia puede correr riesgo de sufrir lesiones graves en los músculos o las articulaciones.

El riesgo de sufrir lesiones graves aumenta cuando tiene que hacer mucha fuerza con las manos para agarrar el cepillo o sostenerlo solamente con dos dedos. Si usted usa guantes gruesos holgados, se le puede dificultar más agarrar el cepillo y necesitará más fuerza.

Problema: Cepillado manual de tubos de cobre

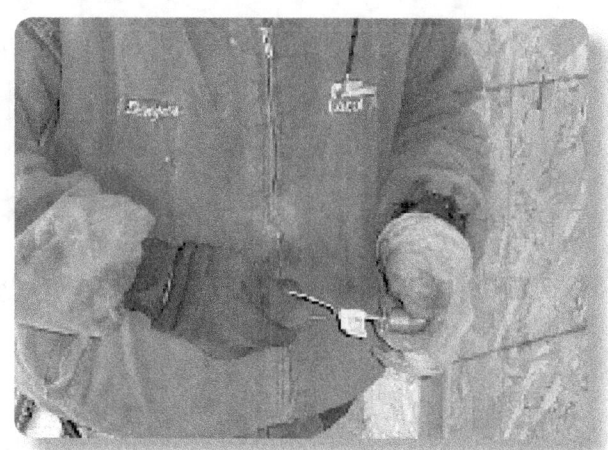

Una solución

Coloque el cepillo de alambre en el portavástago de una **pistola de tornillos o de un destornillador** de pilas o eléctrico. La herramienta con motor eliminará la necesidad de realizar movimientos repetitivos de las manos, muñecas y antebrazos y puede mejorar el agarre.

Solución: Uso de cepillo de alambre con motor

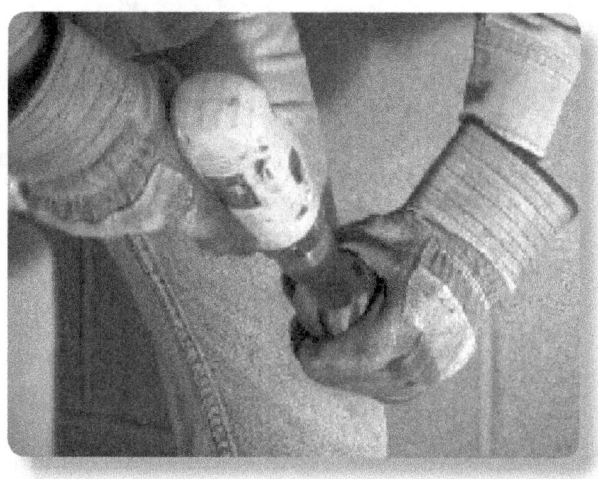

¿Cómo funciona?

La herramienta con motor efectuará el movimiento rotativo del cepillo en vez de usted. Escoja una herramienta con motor que tenga un mango suave y antideslizante (recubrimiento de plástico o goma). El mango debe ser lo suficientemente grande que quepa en su mano. No debe tener bordes puntiagudos ni hendiduras. Se necesitará menos fuerza manual para agarrar este tipo de mango que para agarrar un cepillo. Los mangos pequeños de los cepillos de alambre manuales se deben agarrar con unos cuantos dedos en vez de con toda la mano, con lo cual se esfuerzan más los músculos.

Con esto la presión localizada en la mano será menor ya que el mango no penetra en la piel. También se requerirá de menos movimientos rápidos de la mano, la muñeca y el antebrazo. La rotación de la herramienta motorizada sustituye los movimientos requeridos al usar un cepillo de alambre manual.

Muchas herramientas con motor ayudan a mantener la muñeca recta. Algunas cuentan con mangos que tienen forma de agarre en línea y agarre tipo pistola (mangos de dos posiciones). Esto evita las posiciones forzadas de la muñeca debido a que la herramienta es la que se dobla y no la muñeca. También, de acuerdo al sitio de trabajo, se puede usar la herramienta con motor ya sea con el mango tipo pistola o el mango en línea, es decir, el que reduzca mejor la posibilidad de doblar la muñeca en esos momentos.

Beneficios para el trabajador y el empleador

El uso del cepillo de alambre con la herramienta motorizada resultará en menor tensión de las manos, muñecas, antebrazos y codos. Además mejorará la productividad debido a que el trabajo se realiza más rápido que con el cepillo manual.

Se necesita una fuente de energía. Puede ser un enchufe eléctrico o un generador para operar herramientas eléctricas o para cargar las pilas de las herramientas inalámbricas.

Costo aproximado

Las herramientas de uso profesional se pueden comprar en la mayoría de los almacenes de ferretería, tiendas de mejoras al hogar y proveedores comerciales de materiales de construcción. Los precios varían y deben compararse antes de adquirir una herramienta. Si piensa utilizar la herramienta a menudo considere la compra de un modelo de uso profesional o para contratistas que sea de uso pesado. En los modelos de uso profesional las pistolas de tornillo eléctricas tienen precios entre los $125 y $150. Una pistola de tornillos de pilas (14.4 a18 voltios) cuesta entre $180 y $250. Un destornillador de baterías (2.4 a 3.4 voltios) está entre $100 y $125. Muchos fabricantes de herramientas ofrecen como accesorios los cepillos de alambre.

Más información

- Los productos relacionados con esta solución se describen en *www.cpwr.com/simple.html*.

- Los proveedores locales de herramientas y equipos para contratistas o compañías que alquilan equipos también pueden servir como fuente de información de este tipo de productos.

- Para obtener información general sobre esta solución consulte *www.cpwrconstructionsolutions.org* y *www.elcosh.org*.

Tijeras para cortar láminas de metal

El problema

Cortar láminas de metal con tijeras requiere de mucha fuerza manual. Con frecuencia es necesario trabajar con la muñeca en una posición forzada. Si se realiza esta actividad a menudo y por períodos largos, se puede sentir dolor en las manos o las muñecas. Con el tiempo se puede sufrir una lesión grave.

Si usted usa la tijera para metal equivocada incrementa su riesgo de lesiones. Las tijeras para metal vienen en muchas formas y tamaños. Los fabricantes producen tijeras para metal adecuadas a tareas específicas y a los trabajadores. Si usted usa unas tijeras para metal de corte izquierdo para hacer un corte derecho, su mano y su muñeca estarán en una posición muy tensionada y tendrá que hacer más fuerza. Si corta una hoja de metal con un grosor mayor que el recomendado por el fabricante de la tijera, será necesario hacer más fuerza. Si usa tijeras sin filo, su trabajo se dificultará.

Una solución

Use la **tijera para metal del tipo y tamaño adecuado** a su actividad. En el mercado hay nuevas clases de tijeras que se ajustan mejor en la mano, mantienen su muñeca más recta y requieren de menos fuerza manual.

Cualquier tijera que use debe estar afilada y bien ajustada. No use tijeras sin filo o que estén dañadas. Si es posible utilice tijeras compuestas para metal que son más fuertes. Algunas tijeras de esta clase aumentan hasta 12 veces la fuerza manual. Las tijeras para metal eléctricas generalmente son más útiles cuando se requieren muchos cortes.

La mayoría de las tijeras para metal se fabrican solamente para cortar láminas de

Problema: Las tijeras de uso general no son adecuadas para todos los trabajos

Una solución: Cortes pequeños en el ducto con las tijeras para metal de corte recto

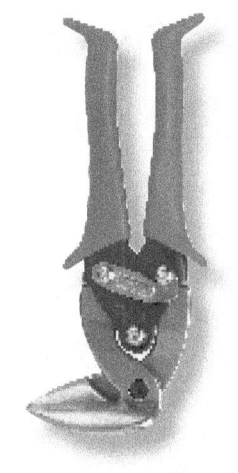

metal blando. Para los metales más duros debe usar otro tipo de herramientas de corte diseñadas para ese propósito.

¿Cómo funciona?

Entre las mejoras observadas en los nuevos modelos de tijeras para metal se encuentran mangos más suaves, curvos y con menos espacio entre ellos. El uso de mangos curvos ayudará a mantener la muñeca recta. Un agarre suave disminuye la presión en la mano y los dedos. Si el espacio entre los mangos es menor podrá agarrar mejor la herramienta. Las tijeras para metal de corte recto pueden mantener la muñeca en una posición más recta cuando se trabaja en áreas con espacios limitados o sobre el nivel de la cabeza.

Ningún par de tijeras funcionará bien para todo tipo de trabajo. Decida los requerimientos del trabajo y seleccione las tijeras para metal adecuadas. Se fabrican tijeras para metal especiales para cortes derechos o izquierdos, rectos y cortes curvos anchos y estrechos. Hay tijeras para metal para trabajar con determinados calibres de láminas de metal y también se consiguen tijeras adecuadas para trabajadores zurdos y diestros.

Preste atención a las especificaciones del fabricante. Los fabricantes codifican los mangos con colores para indicar el tipo de corte que hacen, por ejemplo, mangos amarillos para cortes rectos, verdes para cortes de lado derecho y rojos para cortes de lado izquierdo. Use tijeras adecuadas para usted, ya sea zurdo o diestro, y el tipo de trabajo que realiza. Siempre protéjase los ojos cuando usa tijeras para metal.

Beneficios para el trabajador y el empleador

Si escoge las tijeras para cortes adecuados su trabajo debe ser más fácil. La mano y la muñeca se cansarán menos y tendrá menos posibilidad de lesionarse. También debería realizar el trabajo más rápido.

Costo aproximado

La tijera adecuada para su trabajo no debería ser más cara que los otros tipos de tijeras. Las tijeras nuevas generalmente cuestan entre $10 y $40.

Más información

- Los productos relacionados con esta solución se describen en *www.cpwr.com/simple.html*. También se pueden encontrar otros productos en Internet buscando los siguientes términos en inglés: *"aviation snips"* + *"ergonomic design."*

- Los proveedores locales de herramientas y equipos para contratistas o compañías que alquilan equipos también pueden servir de fuente de información de este tipo de productos.

- Para obtener información general sobre esta solución consulte *www.cpwrconstructionsolutions.org* y *www.elcosh.org*.

Tuercas de seguridad de enroscado rápido

El problema

Cuando se aprieta la tuerca de seguridad estándar en la rosca de un vástago, se tiene que torcer la mano, la muñeca y el antebrazo una y otra vez. Este tipo de movimientos puede tensionar los músculos y tendones de la mano, la muñeca y el codo. Si usted realiza este tipo de actividad con frecuencia y repite los mismos movimientos por períodos largos, esta tensión en los músculos puede ser mayor. Con el tiempo puede sentir dolor y hasta sufrir de una lesión grave.

La posibilidad de sufrir una lesión depende de la cantidad de presión en el dedo necesaria para sostener la tuerca, la longitud de la rosca y el número de tuercas a enroscar. Trabajar en posiciones que requieran que usted enrosque la tuerca por encima del nivel de los hombros aumenta la posibilidad de lesionarse.

Problem: Tightening conventional nut on all-thread

Una solución

Use una **tuerca de seguridad de enroscado rápido.** Según el tipo, hay tuercas que se ajustan a la rosca del vástago en cualquier posición o se deslizan libremente hacia arriba o abajo del vástago. Esto elimina la necesidad de torcer repetidamente la mano, la muñeca, el antebrazo y el codo. Estas tuercas también reducen el tiempo que se requiere para trabajar por encima del nivel de los hombros ya que el trabajo se hace más rápido.

Solution: Two piece slip-on lock nut (top) and button lock nut (bottom)

¿Cómo funciona?

Hay dos tipos de tuercas de seguridad de enroscado rápido: las tuercas de seguridad de dos piezas y las tuercas de seguridad de botón.

Si se usa la tuerca de seguridad de dos piezas, desenrosque las dos secciones de la tuerca para separarlas hasta que se abra un espacio, luego coloque la tuerca en el vástago de rosca en el lugar que se necesita. Después enrosque las dos secciones para juntarlas de nuevo y cerrar el espacio y así las secciones quedarán ajustadas una a la otra. Finalmente, apriete la tuerca con una llave hasta que las aberturas de las dos secciones apunten a direcciones opuestas.

Si se usa la tuerca de seguridad de tipo botón, primero empuje el botón para aflojar la tuerca de la rosca. Luego deslice la tuerca en el lugar que se requiera. Suelte el botón para que la tuerca se vuelva a conectar con la rosca. Y apriétela como lo haría con cualquier tuerca.

Beneficios para el trabajador y el empleador

El uso de tuercas de seguridad de enrosque rápido debe reducir la tensión en la mano, la muñeca y el antebrazo. Por lo tanto, deben disminuir las posibilidades de sufrir dolores y lesiones musculoesqueléticas. Además, debido a que usted ocupa menos tiempo realizando movimientos sobre el nivel de los hombros, en general se presenta menos tensión en los hombros, el cuello y la espalda durante su jornada de trabajo.

Adicionalmente, el uso de estas tuercas representará un incremento en la productividad ya que se ocupa menos tiempo en este tipo de trabajo y facilitan cierto tipo de labores como el enroscado de tuercas en sitios de difícil acceso. Las tuercas de seguridad de enroscado rápido pueden no ser adecuadas para todos los trabajos y su uso puede requerir de la aprobación del dueño de la obra, arquitecto, ingeniero o contratista general.

Costo aproximado

El precio de las tuercas de seguridad de dos piezas está entre $2 y $3 cada una, de acuerdo al diámetro. También se encuentran disponibles tuercas con el sistema métrico. Las tuercas de seguridad de botón cuestan aproximadamente $6 cada una.

Más información

- Los productos relacionados con esta solución se describen en *www.cpwr.com/simple.html*.

- Los proveedores locales de herramientas y equipos para contratistas o compañías que alquilan equipos también pueden servir de fuente de información de este tipo de productos.

- Para obtener información general sobre esta solución consulte *www.cpwrconstructionsolutions.org* y *www.elcosh.org*.

Glosario

Agarre de fuerza

Una forma de agarre en que la mano envuelve completamente el mango. El mango está alineado en forma paralela a los nudillos y sobresale en ambos lados.

ANSI

Instituto de Normas Nacionales de los Estados Unidos (*American National Standards Institute*). ANSI es una organización privada sin ánimo de lucro que coordina normas voluntarias en muchos campos. ANSI fomenta acuerdos entre el sector privado y el gobierno para establecer normas y definir prioridades.

Articulación

Área en que se conectan dos huesos para permitir el movimiento del cuerpo. Generalmente las articulaciones están formadas por ligamentos y cartílagos.

Artritis

Inflamación de una o varias articulaciones del cuerpo.

Bursa

Bolsa pequeña, plana y con líquido situada en las partes del cuerpo como los hombros, los codos y las rodillas expuestas a presión repetitiva cuando se realizan movimientos. La bursa facilita el movimiento de estas partes.

Bursitis

Inflamación o irritación de la bursa que produce hinchazón, rigidez y dolor.

Cartílago

Tejido conectivo grueso y blanco adherido a las superficies de los huesos en los sitios donde se conectan con otros huesos y que forman un cojinete de poca fricción. Su estructura es más rígida que la de los tendones.

Dedo en resorte o dedo en gatillo

Un término común para denominar la tendinitis o tenosinovitis, es una afección en la que un dedo o varios se traban al flexionarlos. Puede ocurrir debido a la presión repetida en un dedo, como cuando se aprieta el gatillo de una herramienta motorizada.

Disco herniado

Afección que ocurre cuando la parte interior y blanda de un disco intervertebral se sale por una fisura del disco.

Discos

Consulte discos intervertebrales.

Discos intervertebrales

Discos ubicados entre los huesos o vértebras de la columna vertebral en la espalda y el cuello. Los discos funcionan como cojines o "amortiguadores" entre los huesos. Los discos tienen una capa externa dura y una sustancia interna suave gelatinosa.

Distensión

Lesión causada por el estiramiento de un músculo, tendón o ligamento.

Educación sobre la mecánica del cuerpo

Educación que hace énfasis en la mejor manera de alinear el sistema musculoesquelético durante el trabajo y otras actividades, para reducir la tensión en las articulaciones, la distensión muscular y la fatiga.

Epicondilitis

Inflamación de los tendones del codo. También se conoce como "codo de tenista" (en la parte lateral o externa del codo) o epitrocleítis o "codo de golfista" (en la parte intermedia o interior del codo).

Ergonomía:

Es la ciencia encargada de ajustar las condiciones del sitio de trabajo y los requerimientos del trabajo a las capacidades anatómicas de los trabajadores.

Esguince

Estiramiento o esfuerzo excesivo de un ligamento que ocasiona desgarre o rotura de las fibras del ligamento.

Factor de riesgo

Una acción o condición que puede causar una lesión o enfermedad, o que la puede empeorar. Algunos ejemplos en el área de la ergonomía son esfuerzo excesivo, postura forzada o movimientos repetitivos.

Fatiga

Es un estado del cuerpo que resulta cuando el organismo no produce suficiente energía para que los músculos realicen una tarea

Fuerza

La cantidad de esfuerzo físico necesario para realizar una tarea.

Fuerza de agarre

Fuerza física realizada por la mano cuando se sostiene o agarra un objeto.

Fuerza muscular

Fuerza física ejercida por los músculos.

Gangrena

Muerte de tejido corporal como resultado de la falta de flujo sanguíneo a esa parte.

Inflamación

Respuesta del cuerpo como mecanismo de protección contra infecciones y lesiones. Los síntomas pueden incluir hinchazón de los tejidos, enrojecimiento, dolor y sensación de calor.

ISO

Organización Internacional de Normalización (*The International Organization for Standardization*). Es una organización no gubernamental que consiste de una red de institutos nacionales de normalización de 157 países.

Lesión por tensión repetida (RSI, por sus siglas en inglés)

Lesión causada por trabajar en una misma posición forzada o por la repetición de movimientos que causan tensión una y otra vez. Es un tipo de *trastorno musculoesquelético*.

Ligamentos

Fibras fuertes con apariencia de cordones que conectan dos huesos para formar una articulación.

Mango en línea

Mango recto de una herramienta manual.

Mango tipo pistola

Mango de herramienta manual que es similar al mango de una pistola y que comúnmente se usa cuando el eje de la herramienta debe ser horizontal.

Manguito de los rotadores

Es la principal fuente de estabilidad y movilidad del hombro. El manguito de los rotadores está compuesto por cuatro músculos y sus tendones que envuelven la parte frontal, posterior y superior de la articulación del hombro. Se encargan de rotar el brazo hacia adentro, afuera y lo alejan del costado del cuerpo.

Manipulación manual de materiales

Levantar, cargar y mover materiales sin la ayuda de equipos mecánicos.

Músculo trapecio

Músculo grande y delgado que cubre la parte superior de la espalda y el área del hombro hasta el cuello. La tensión en este músculo puede ocasionar el síndrome de tensión en el cuello.

Nervio mediano

El nervio principal que pasa por el túnel carpiano de la muñeca.

Nervios

Fibras con apariencia de cordel que transmiten las señales que controlan los movimientos del cuerpo y permiten el funcionamiento de los sentidos como el del tacto y de la vista.

NIOSH

Instituto Nacional para la Seguridad y Salud Ocupacional (*National Institute for Occupational Safety and Health*). NIOSH, parte de los Centros para el Control y la Prevención de Enfermedades (CDC, por sus siglas en inglés) del Departamento de Salud y Servicios Humanos, es una agencia federal gubernamental cuya función es realizar y financiar estudios de investigación y capacitación sobre seguridad y salud ocupacional.

OSHA

Administración de Seguridad y Salud Ocupacional (*Occupational Safety and Health Administration*). OSHA es una agencia federal gubernamental del Departamento del Trabajo de los Estados Unidos, cuya misión es ayudar a prevenir las lesiones en el trabajo y proteger la salud de los trabajadores. OSHA establece y hace cumplir las normas de salud y seguridad en el sitio de trabajo.

Posición forzada

Consulte *postura forzada.*

Posición neutral

Consulte *postura neutral del cuerpo.*

Postura forzada

Desviación de la posición natural o "neutral" de una parte del cuerpo. Una posición neutral es la que ejerce la menor tensión en una parte del cuerpo. Entre las posturas forzadas generalmente está alcanzar objetos situados en áreas por encima o atrás de la persona, doblarse hacia adelante o hacia atrás, agarrar objetos con dos dedos, acuclillarse o arrodillarse. Trabajar frecuentemente en posturas forzadas puede causar fatiga, dolor y lesiones musculoesqueléticas.

Postura neutral del cuerpo

La posición natural de las partes del cuerpo, la mejor posición para minimizar la tensión. Por ejemplo, en la posición de pie, la cabeza debe estar alineada con los hombros, los hombros con las caderas, las caderas con los tobillos y los codos deben estar situados a los lados del cuerpo.

Programa de ergonomía

Proceso sistemático que a menudo se explica en un documento escrito para identificar, analizar y controlar los riesgos ergonómicos en un sitio de trabajo específico.

Rotura del manguito de los rotadores

Rotura en el manguito de los rotadores debido a la tensión en el hombro. Esta rotura puede ocasionar que las actividades cotidianas sean difíciles y dolorosas.

Rotura o hernia de disco

Consulte *discos herniados*.

Síndrome de tensión en el cuello (TNS, por sus siglas en inglés)

Fatiga, rigidez, malestar, hinchazón, debilidad o dolor que se manifiesta en el área del cuello o de los hombros, o dolor de cabeza que se propaga desde el cuello. Se origina por la tensión en varios músculos del cuello y los hombros, a menudo por permanecer largos períodos con la cabeza flexionada hacia atrás para mirar arriba. El músculo trapecio es uno de los más afectados y puede presentar un "nudo."

Síndrome de vibración en manos y brazos (HAVS, por sus siglas en inglés)

Entumecimiento, hormigueo y pérdida de color de los dedos por la exposición a las vibraciones en las manos y los brazos. A menudo ocurre por el uso frecuente o prolongado de herramientas que se agarran con las manos que producen vibraciones. Produce daños en los vasos sanguíneos, como el cierre de las arterias digitales (de los dedos).

Síndrome del estrecho torácico superior

Trastorno por trauma acumulativo de los nervios y vasos sanguíneos del hombro y de la parte superior del brazo. Entre los síntomas está entumecimiento en los dedos o brazos. El pulso en la parte afectada puede debilitarse.

Síndrome del túnel carpiano (STC).

Una afección que se produce por la presión del nervio mediano en el túnel carpiano. El nervio se comprime y los tendones se hinchan. Los síntomas incluyen dolor, hormigueo y entumecimiento en la mano, la muñeca o el brazo. Estos síntomas a menudo se sienten por la noche.

Sistema musculoesquelético

Está compuesto por los tejidos blandos y los huesos del cuerpo. Las partes del sistema musculoesquelético son los huesos, músculos, tendones, ligamentos, cartílagos, nervios y vasos sanguíneos.

Tejidos blandos

Tejidos que conectan, sirven de soporte o envuelven otras estructuras u órganos del cuerpo.

Tendinitis

Inflamación, desgaste o desgarre de las fibras de los tendones que ocasiona dolor y en ocasiones hinchazón.

Tendinitis del manguito de los rotadores

Es el trastorno más común de los hombros, se presenta con inflamación, dolor y a menudo hinchazón de uno o más tendones del manguito de los rotadores. En ocasiones se conoce como "hombro del lanzador de béisbol."

Tendón

Material duro parecido a un cordón que conecta los músculos a los huesos. Los tendones transfieren fuerzas y movimientos de los músculos a los huesos. Los tendones no son elásticos y tanto la fuerza excesiva como el torcerlos exageradamente pueden causar que se rompan o se rasguen como una cuerda.

Tenosinovitis

Inflamación del revestimiento de la vaina que cubre el tendón. Generalmente las partes del cuerpo afectadas son las muñecas, las manos y los pies, aunque la tenosinovitis se puede presentar en todas las vainas de los tendones.

Tensión

Carga o esfuerzo del cuerpo humano ocasionada por causas externas al cuerpo, como una actividad, el entorno físico, los horarios de trabajo y descanso y las relaciones sociales.

Tensión por contacto

Presión en una parte específica del cuerpo (como el antebrazo o los lados de los dedos) que puede impedir el funcionamiento de los nervios y el flujo de sangre en esa área. La causa de esta tensión es el contacto continuo y repetitivo con objetos duros y puntiagudos como los bordes de las mesas o los mangos estrechos y sin acolchamiento de las herramientas.

Tiempo de uso del gatillo o "trigger time"

El tiempo que una persona puede utilizar en forma segura una herramienta motorizada, de acuerdo al nivel de vibraciones.

Trastorno

Una afección médica en la que alguna parte del cuerpo no funciona adecuadamente.

Trastorno por trauma acumulativo (TTA)

Una lesión que ocurre con el paso del tiempo debido a la tensión repetida en una parte específica del cuerpo como la espalda, la mano, la muñeca o el antebrazo. Los músculos y las articulaciones se tensionan, los tendones se inflaman, los nervios se pinchan o se limita el flujo de sangre. Similar a la lesión por tensión repetitiva.

Trastornos musculoesqueléticos (MSD, por sus siglas en inglés)

Un grupo de afecciones de los nervios, tendones, músculos y estructuras de soporte como los discos intervertebrales. Estas afecciones varían en cuanto a la gravedad, y se manifiestan como síntomas leves que ocurren de vez en cuando o trastornos graves crónicos y discapacitantes. Por ejemplo, el síndrome del túnel carpiano, la tenosinovitis, el síndrome de tensión en el cuello y el dolor en parte inferior de la espalda.

Trastornos musculoesqueléticos debido al trabajo (WMSD, por sus siglas en inglés)

Trastornos musculoesqueléticos causados o empeorados por el trabajo. Los trastornos musculoesqueléticos pueden causar síntomas graves como dolor, entumecimiento y hormigueo; reducción de la productividad, pérdida de días laborales, discapacidad temporal o permanente; pérdida de movilidad; inhabilidad para realizar las actividades laborales e incremento en los costos de indemnización de los trabajadores.

Túnel carpiano

Una abertura dentro de la muñeca por la que pasan el nervio mediano y varios tendones. El túnel está formado por los huesos de la muñeca y un ligamento denso.

Vértebras cervicales

Siete pequeños huesos irregulares situados en el cuello que sirven de soporte a la cabeza y permiten su movimiento.

Vibración de mano y brazo

Vibración (generalmente debido al uso de una herramienta que se agarra con las manos) que se transmite a la mano y puede desplazarse hasta el brazo y otras partes del cuerpo.

Vibraciones en todo el cuerpo (WBV, por sus siglas en inglés)

Término que se refiere a la exposición a vibraciones por las condiciones de trabajo en que se requiere estar sentado, de pie o sobre superficies vibratorias. La exposición excesiva a estas condiciones puede producir dolor de espalda.

Las definiciones han sido tomadas y adaptadas de la información sobre ergonomía proporcionada por NIOSH, Cornell University, the Virginia Polytechnic Institute and State University y the Washington State Dept. of Labor and Industries.

Definitions adapted in part from ergonomics materials provided by NIOSH, Cornell University, the Virginia Polytechnic Institute and State University, and the Washington State Dept. of Labor and Industries.

Referencias

¿Para qué sirve este folleto?

Center to Protect Workers' Rights [2002]. Construction Chart Book, 2nd edition. Silver Spring, MD: CPWR. [www.cdc.gov/elcosh/docs/d0100/d000038/sect41.html]. Date accessed: July 2006.

Cook TM, Rosecrance JC, Zimmerman CL [1996]. The University of Iowa construction survey. Washington, DC: Center to Protect Workers' Rights, Report No. E1–96.

Schneider S [1995]. Ergonomics. Implement Ergonomic Interventions in Construction. Applied Occupational and Environmental Hygiene *10*:822–824.

¡Ay, me duele el cuerpo!

Cook TM, Rosecrance JC, Zimmerman CL [1996]. The University of Iowa construction survey. Washington, DC: Center to Protect Workers' Rights, Report No. E1–96.

NIOSH [2006]. Proceedings of a meeting to explore the use of ergonomic interventions for the mechanical and electrical trades. Cincinnati, OH: U.S. Department of Health and Human Services, Centers for Disease Control and Prevention, National Institute for Occupational Safety and Health, DHHS (NIOSH) Publication No. 2006–119.

Silverstein B, Kalat J [1998]. Work-related disorders of the back and upper extremity in Washington State, 1989–1996. Olympia, WA: SHARP Program, Washington State Department of Labor and Industries, TR 40–1–1997.

SOLUCIONES SIMPLES para actividades realizadas al nivel del piso o del suelo: Introducción

Haslegrave CM, Tracy MF, Corlett EN [1997]. Strength capability while kneeling. Ergonomics *40* (12):1363–1379.

Kirkesov-Jensen L, Eenberg E [1996]. Occupation as a risk factor for knee disorders. Scandinavian Journal of Work Environment and Health *22*:165–175.

Maher CG [2000]. A systematic review of workplace interventions to prevent low back pain. Australian Journal of Physiotherapy *46*:259–269.

Manninen P, Heliövaara M, Riihimäki S [2002]. Physical workload and the risk of severe knee osteoarthritis. Scandinavian Journal of Work Environment and Health *29*(1):25–32.

National Research Council and Institute of Medicine (NRC/IOM) [2001]. Musculoskeletal disorders and the workplace. Washington, DC: National Academy Press.

Pope MH, Koh KL, Magnusson ML [2002]. Spine ergonomics. Annual Review of Biomedical Engineering *48*:49–68.

Ritz B, Brunnholzl K [1988]. Knee-joint lesions of pipe-fitters and welders employed by the public water and gas works. In: Hogstedt C, Rueterwall C (eds.), Progress in occupational epidemiology.

Proceedings of the Sixth International Symposium on Epidemiology in Occupational Health in Stockholm, Sweden, 16–19 August 1988. Amsterdam: Elsevier Science Publishers B.V., pp.227–230.

Seidler A, Bolm-Audorff U, Heiskel H, Henkel N, Roth-Küver B, Kaiser U, Bickeböller R, Willingstorfer WJ, Beck W, Elsner G [2001]. The role of cumulative physical work load in lumbar spine disease: risk factors for lumbar osteochondrosis and spondylosis associated with chronic complaints. Occupational and Environmental Medicine *58*:735–746.

Solomonow M, Baratta RV, Banks A, Freudenberger C, Zhou BH [2003]. Flexion-relaxation response to static lumbar flexion in males and females. Clinical Biomechanics *18*:273–279.

Hoja informativa #1. Herramientas de fijación que reducen las posiciones agachadas

Bernold LE, Lorenc SJ, Davis ML [2001]. Technological intervention to eliminate back injury risks for nailing. Journal of Construction Engineering and Management *127*(3):245–250.

Hess JA, Kincl L, Albers J [2006]. Evaluation of a tool extension to reduce low back injury in carpenters. Proceedings of the International Ergonomics Association 2006 Congress, The Netherlands, July 10–14, 2006.

Hoja informativa #2. Niveladoras motorizadas para concreto

Albers J, Russell S, Stewart K [2004]. Concrete leveling techniques: A comparative ergonomics assessment. Proceedings of the Human Factors and Ergonomics Society 48th Annual Meeting, New Orleans, LA, September 20–24, 2004.

Goldsheyder D, Weiner SS, Nordin M, Hiebert R [2004]. Musculoskeletal symptom survey among cement and concrete workers. Work *23*(2):111–121.

Hoja informativa #3. Herramientas para atar barras y varillas de refuerzo

Albers JT, Hudock SD [2007]. Biomechanical assessment of three rebar tying techniques. International Journal of Occupational Safety and Ergonomics *13*(3):279–289.

Albers J, Hudock S, Kong YK [2005]. NIOSH Health Hazard Evaluation Report, Genesis Steel Services, Inc. Cincinnati, OH: U.S. Department of Health and Human Services, Centers for Disease Control and Prevention, National Institute for Occupational Safety and Health, HETA 2003–0146–2976. [http://www.cdc.gov/niosh/hhe/reports/pdfs/2003-0146-2976.pdf]

Dababneh AJ, Waters TR [2000]. Ergonomics of rebar tying. Applied Occupational and Environmental Hygiene *15*(10):721–727.

Forde M [2002]. Reinforcing ironwork: PATH (posture, activity, tools, handling) analysis. Lowell, MA: Construction Occupational Health Program, Department of Work Environment, University of Massachusetts Lowell. Technical Report T–61. [www.uml.edu/Dept/WE/COHP]. Date accessed: December 2004.

Vi P [2003]. Reducing risk of musculoskeletal disorders through the use of rebar-tying machines. Applied Occupational and Environmental Hygiene *18*(9):649–654.

Vi P [2005]. Promoting early return to pre-injury job using a rebar-tying machine. Journal of Occupational and Environmental Hygiene *2*:D34–D37.

Hoja informativa #4. Plataformas rodantes para arrodillarse

Jensen LK, Mikkelsen S, Loft IP, Eenberg W [2000]. Work-related knee disorders in floor layers and carpenters. Journal of Occupational and Environmental Medicine *42*(8):835–842.

Kivimäki J, Riihimäki H, Hänninen K [1992]. Knee disorders in carpet and floor layers and painters. Scandinavian Journal of Work Environment and Health *18*:310–316.

Hoja informativa #5. Andamios ajustables para albañilería

Breithaupt J [2005]. A scaffold by any other name. Masonry *44*(4).

Breithaupt J [2005]. Saving the day … Each and every day. Masonry *43*(3).

de Jong AM, Vink P, De Kroon JC [2003]. Reasons for adopting technological innovations reducing physical workload in bricklaying. Ergonomics *46*(11):1091–1108.

Entzel P, Albers JT, Welch L [2007]. Ergonomic best practices for masonry construction. Applied Ergonomics *38*(2007): 557–566.

Fletcher LT [1973]. Masonry productivity (Thesis). Austin, TX: University of Texas at Austin, College of Engineering, Center for Building Research.

Gilbreth, FB [1909]. Bricklaying systems. Nueva York: Myron Clark.

Jorgensen K, Jensen BR, Kato M [1991]. Fatigue development in the lumbar paravertebral muscles of bricklayers during the working day. International Journal of Industrial Ergonomics *8*:237–245.

Luttmann A, Jager M, Laurig W [1996]. Task analysis and electromyography for bricklaying at different wall heights. International Journal of Industrial Ergonomics *8*:247–260.

Sak E [2003]. Adjustable scaffolding safety benefits. Masonry Construction Magazine *42*(7).

Suprenant BA [1990]. Tower scaffolding increases productivity 20%. Masonry Construction Magazine *34*(7):20–23.

University of Texas, Austin [1974]. Findings of masonry productivity research. Austin, TX: Contract H–1470, U.S. Department of Housing and Urban Development.

Urlings IJM, Wortel E [1991]. Implementation of an ergonomically improved adjustable height platform in the Dutch building and construction industry. Proceedings of the 11th Triennial Congress of the International Ergonomics Association, France, 2006.

van der Molen HF, Grouwstra1 R, Kuijer P, Sluiter JK, Frings-Dresen MHW [2004]. Efficacy of adjusting working height and mechanizing of transport on physical work demands and local discomfort in construction work. Ergonomics *47*(7):772–783.

Vink P, Koningsveld EAP [1990]. Bricklaying: a step by step approach to better work. Ergonomics *33*(3):349–352.

SOLUCIONES SIMPLES para actividades que requieren movimientos por encima de la cabeza: Introducción

National Research Council and Institute of Medicine (NRC/IOM) [2001]. Musculoskeletal disorders and the workplace. Washington, DC: National Academy Press.

Welch LS, Hunting KL, Kellogg J [1995]. Work-related musculoskeletal symptoms among sheet metal workers. American Journal of Industrial Medicine *27*(6):783–791.

Hoja informativa #6. Vástago de extensión de broca para taladros y pistolas de tornillos

Anton D, Shibley LD, Fethkes NB, Hess J, Cook TM, Rosecrance J [2001]. The effect of overhead drilling position on shoulder moment and electromyography. Ergonomics *44*(5):489–501.

Hoja informativa #7. Varas de extensión para herramientas de impacto

Wos H, Lindberg J, Jakus R, Norlander S [1992]. Evaluation of impact loading in overhead work using a bolt pistol support. Ergonomics *35*(9):1069–1079.

Hoja informativa #8. Herramientas con resorte de compresión auxiliar para acabado de paneles de yeso

Pan CS, Chiou SS, Hsiao H, Becker P, Akladios M [2000]. Assessment of perceived traumatic injury hazards during drywall taping and sanding. International Journal of Industrial Ergonomics *25*:621–631.

Washington State Department of Labor and Industries [2002]. Wallboard: ergonomics demonstration project. [www.lni.wa.gov/wisha/ergo/demofnl/wallboard_fnl.pdf]. Date accessed: September 2005.

Hoja informativa #9. Sistemas neumáticos de acabado de paneles de yeso

Construction Safety Association of Ontario [2004]. Ergonomic and hygiene interventions to improve the health and safety of drywall finishing workers. [www.wsib.on.ca/wsib/wsibsite.nsf/public/researchergonomichygienedrywallworkers]. Date accessed: September 2005.

Pan CS, Chiou SS, Hsiao H, Becker P, Akladios M [2000]. Assessment of perceived traumatic injury hazards during drywall taping and sanding. International Journal of Industrial Ergonomics *25*:621–631.

Washington State Department of Labor and Industries [2002]. Wallboard: ergonomics demonstration project. [www.lni.wa.gov/wisha/ergo/demofnl/wallboard_fnl.pdf]. Date accessed: September 2005.

SOLUCIONES SIMPLES para levantar, sostener y manipular materiales: Introducción

Dempsey PG, Hashemi L [1999]. Analysis of workers' compensation claims associated with manual materials handling. Ergonomics *42*(1):183–195.

Gallagher S, Hamrick CA, Cornelius KM, Redfern MS [2001]. The effects of restricted workspace on lumbar spine loading. Occupational Ergonomics *2*(4):201–213.

Hess J, Hecker S [2003]. Stretching at work for injury prevention: Issues, evidence, and recommendations. Applied Occupational and Environmental Hygiene *18*(5):331–338.

Holmström EB, Lindell J, Moritz U [1992]. Low back and neck/shoulder pain in construction workers: Occupational workload and psychosocial risk factors. Part 2: Relationship to neck and shoulder pain. Spine *17*(6):672–677.

Latza U, Pfahlberg A, Gefeller O [2002]. Impact of repetitive manual materials handling and psychosocial work factors on the future prevalence of chronic low-back pain among construction workers. Scandinavian Journal of Work Environment and Health *28*(5):314–323.

National Research Council and Institute of Medicine (NRC/IOM) [2001]. Musculoskeletal disorders and the workplace. Washington, DC: National Academy Press.

NIOSH [1994]. Applications manual for the revised NIOSH lifting equation. Cincinnati, OH: U.S. Department of Health and Human Services, Centers for Disease Control and Prevention, National Institute for Occupational Safety and Health, DHHS (NIOSH) Publication No. 94–110.

Pope MH, Koh KL, Magnusson ML [2002]. Spine ergonomics. Annual Review of Biomedical Engineering *48*:49–68.

Waters TR, Putz-Anderson V, Garg A [1993]. Revised NIOSH equation for the design and evaluation of manual lifting tasks. Ergonomics *36*(7):749–776.

Hoja informativa #10. Bloque de concreto liviano

Anton D, Rosecrance JC, Gerr F, Merlino LA, Cook TM [2005]. Effect of concrete block weight and wall height on electromyographic activity and heart rate of masons. Ergonomics *48*(10):1314–1330.

Brouwer J, Bulthuis BM, Begemann-Meijer M [1991]. The workload of gypsum bricklayers: the effect of lowering the mass and reducing the size of a gypsum brick. In: Queinnec Y, Daniellou F (eds.), Designing for everyone: Proceedings of the Eleventh Congress of the International Ergonomics Association. London: Taylor and Francis.

de Looze MP, Visser B, Houting I, van Rooy MA, van Dieen JH, Toussaint HM [1996]. Weight and frequency effect on spinal loading in a bricklaying task. Journal of Biomechanics *29*(11):1425–1433.

Entzel P, Albers JT, Welch L [2007]. Ergonomic best practices for masonry construction. Applied Ergonomics *38*(2007): 557–566.

Expanded Shale and Clay Institute. High performance concrete masonry: Information Sheet 3650.4 for mason contractors. [www.smartwall-systems.org]. Date accessed: February 2006.

Lochonic L [2003]. Lightweight CMU: A weight off our shoulders. Livonia, MI: Masonry Institute of Michigan, The Story Pole, *34*(4). [www.escsi.org]. Date accessed: October 2005.

Zellers K, Simonton K [1997]. An optimized lighter-weight concrete masonry unit: Biomechanical and physiological effects on masons. Olympia, WA: SHARP Program, Washington State Department of Labor and Industries.

Hoja informativa #11. Sistemas de entrega de premezclas de mortero y lechada

Entzel P, Albers JT, Welch L [2007]. Ergonomic best practices for masonry construction. Applied Ergonomics *38*(2007): 557–566.

Goldsheyder D, Nordin M, Weiner SS, Hiebert R [2002]. Musculoskeletal symptom survey among mason tenders. American Journal of Industrial Medicine *42*(5):384–396.

Schierhorn C [1996]. Dispensing preblended mortar into conventional mixers. The Aberdeen Group, Masonry Construction, Publication #M960369. [ftp://imgs.ebuild.com/woc/M960369.pdf]. Date accessed: August 2005.

Hoja informativa #12. Bases para deslizar mangueras para concreto

Ahn K, Paquet VL, Buchholz B [2000]. Ergonomic assessment of the concrete pouring operation during highway construction. 128th Annual Meeting of American Public Health Association, Boston, MA. [apha.confex.com/apha/128am/techprogram/paper_13287.htm]. Date accessed: September 2005.

Hess JA, Hecker S, Weinstein M, Lunger M [2004]. A participatory ergonomics intervention to reduce risk factors for low-back disorders in concrete laborers. Applied Ergonomics *35*(5):427–441.

Occupational and Industrial Orthopaedic Center [2003]. Ergonomics working for cement and concrete construction laborers. [www.lhsfna.org]. Date accessed: September 2005.

Hoja informativa#13. Sistemas de elevación por vacío para ventanas y láminas

Schwind GF [1994]. The ergonomics of below-the-hook lifters. Material Handling Engineering *49*(4):77–81.

SOLUCIONES SIMPLES para trabajos con actividades manuales intensas: Introducción

Chao A, Kumar AI,. Emery C, Nagaajaao K, You H [2000]. An ergonomic evaluation of Cleco pliers. Proceedings of the IEA 2000/HFES 2000 Congress, USA, July 29—August 4, 2000.

Keyserling WM [2000]. Workplace risk factors and occupational musculoskeletal disorders. Part 2: A review of biomechanical and psychophysical research on risk factors associated with upper extremity disorders. American Industrial Hygiene Association Journal *61*(2):231–243.

Marras WS, Schoenmarklin RW [1993]. Wrist motions in industry. Ergonomics *36*(4):342–351.

National Research Council and Institute of Medicine (NRC/IOM) [2001]. Musculoskeletal disorders and the workplace. Washington, DC: National Academy Press.

NIOSH [1997]. Musculoskeletal disorders and workplace factors, 2nd edition. Cincinnati, OH: U.S. Department of Health and Human Services, Centers for Disease Control and Prevention, National Institute for Occupational Safety and Health, DHHS (NIOSH) Publication No. 97–141.

Rosecrance JC, Cook TM, Anton DC, Merlino LA [2002]. Carpal tunnel syndrome among apprentice construction workers. American Journal of Industrial Medicine *42*(2):107–116.

Schoenmarklin RW, Marras WS, Leurgans SE [1994]. Industrial wrist motions and risk of cumulative trauma disorders in industry. Ergonomics *37*(9):1449–1459.

Welch LS, Hunting KL, Kellogg J [1995]. Work-related musculoskeletal symptoms among sheet metal workers. American Journal of Industrial Medicine *27*(6):783–791.

Hoja informativa #14. Herramientas manuales ergonómicas

Adapted from the booklet Easy Ergonomics: A Guide to Selecting Non-Powered Hand Tools (2004), una publicación conjunta del California Dept. of Occupational Safety and Health (Cal/OSHA) y NIOSH. Cincinnati, OH: U.S. Department of Health and Human Services, Centers for Disease Control and Prevention, National Institute for Occupational Safety and Health, DHHS (NIOSH) Publication No.2004–164. Other sources include:

Anton D, Cook TM, Rosecrance JC, Merlino LA [2003]. Method for quantitatively assessing physical risk factors during variable noncyclic work. Scandinavian Journal of Work Environment and Health *29*(5):354–362.

Dababneh A, Waters T [1999] The ergonomic use of hand tools: guidelines for the practitioner. Applied Occupational and Environmental Hygiene *14*:208–215.

Dababneh A, Lowe B, Krieg E, Kong YK, Waters T [2004]. A checklist for the ergonomic evaluation of nonpowered hand tools. Journal of Occupational and Environmental Hygiene *1*(12):D135–D145.

Merlino LA, Rosecrance JC, Anton D, Cook TM [2003]. Symptoms of musculoskeletal disorders among apprentice construction workers. Applied Occupational and Environmental Hygiene *18*(1):57–64.

Oregon Department of Consumer and Business Services, Workers' Compensation Division [2001]. Worksite modification digest. [wcd.oregon.gov//communications/publications/2184.pdf]. Date accessed: September 2005.

Radwin RG [2003]. Ergonomically-designed hand tools. Presentation at the American Industrial Hygiene Conference and Exposition. [homepages.cae.wisc.edu/~radwin/presentations.htm]. Date accessed: September 2005.

Tichauer ER, Gage H [1977]. Ergonomic principles basic to hand tool design. American Industrial Hygiene Association Journal *38*(11):622–634.

Hoja informativa #15. Guante para sostener fácilmente bandejas con compuesto para juntas
Moore JS [1997]. De Quervain's tenosynovitis: Stenosing tenosynovitis of the first dorsal compartment. Journal of Occupational and Environmental Medicine *39*(10):990–1002.

Rempel D, Keir PJ, Smutz WP, Hargens A [1997]. Effects of static fingertip loading on carpal tunnel pressure. Journal of Orthopaedic Research *15*(3):422–426.

Shaw G, Joyce T [2002]. Ergonomics of drywall finishing—How finishing tools and techniques affect repetitive strain injuries in the finishing trades. Conference Proceedings, 12th Annual Construction Safety and Health Conference, Rosemont, Illinois, May 21–23, 2002. [www.apla-tech.com/pdf/ergo. pdf]. Date accessed: September 2006.

Hoja informativa #16. Pistolas de calafateo con motor
Dababneh A, Lowe B, Krieg E, Kong YK, Waters T [2004]. A checklist for the ergonomic evaluation of nonpowered hand tools. Journal of Occupational and Environmental Hygiene *1*(12):D135–D145.

Methner MM [2000]. Identification of potential hazards associated with new residential construction. Applied Occupational and Environmental Hygiene *15*(2):189–192.

Tichauer ER, Gage H [1977]. Ergonomic principles basic to hand tool design. American Industrial Hygiene Association Journal *38*(11):622–634.

Hoja informativa #17. Herramientas con motor de poca vibración
Griffin MJ, Howarth HVC, Pitts PM, Fischer S, Kaulbars U, Donati PM, Bereton PF [2005]. Guide to good practices on hand-arm vibration (V7.7). [www.humanvibration.com/EU/VIBGUIDE/HAV_Good_ practice_Guide_V7.7_English_260506.pdf]. Date accessed: October 2006.

Naval Safety Center [2006]. Acquisition safety vibration. [www.safetycenter.navy.mil/acquisition/ vibration/default.htm]. Date accessed: November 2006.

Hoja informativa #18. Cepillo motorizado para limpieza y escariación
Ninguno.

Hoja informativa #19. Tijeras para cortar láminas de metal
Anton D, Rosecrance J, Gerr F, Reynolds J, Meyers A, Cook T [2007]. Effect of aviation snip design and task height on upper extremity muscular activity and wrist posture. Journal of Occupational & Environmental Hygiene *4*:99–113.

Merlino LA, Rosecrance JC, Anton D, Cook TM [2003]. Symptoms of musculoskeletal disorders among apprentice construction workers. Applied Occupational and Environmental Hygiene *18*(1):57–64.

Welch LS, Hunting KL, Kellogg J [1995]. Work-related musculoskeletal symptoms among sheet metal workers. American Journal of Industrial Medicine *27*(6):783–791.

Hoja informativa #20. Tuercas de seguridad de enroscado rápido
Pope DP, Silman AJ, Cherry NM, Pritchard C, Macfarlane GJ [2001]. Association of occupational physical demands and psychosocial working environment with disabling shoulder pain. Annals of the Rheumatic Diseases *60*:852–858

Sommerich CM, McGlothlin JD, Marras WS [1993]. Occupational risk factors associated with soft tissue disorders of the shoulder: a review of recent investigations in the literature. Ergonomics *36*(6):697–717.